U0348820

茶经

煎茶滋味长

陆羽 原著

鱼丽 编著

山东画报出版社

图书在版编目（CIP）数据

茶经：煎茶滋味长 / 鱼丽编著. —济南：山东画报出版社，2018.6
ISBN 978-7-5474-2611-1

Ⅰ.①茶… Ⅱ.①鱼… Ⅲ.①茶文化—中国 Ⅳ.①TS971.21

中国版本图书馆CIP数据核字（2017）第263071号

茶经：煎茶滋味长
鱼丽编著

责任编辑 徐峙立 张飒特
装帧设计 王 芳

出 版 人 李文波
主管单位 山东出版传媒股份有限公司
出版发行 *山东画报出版社*
　　　　 社　　址 济南市胜利大街39号　邮编 250001
　　　　 电　　话 总编室（0531）82098470
　　　　　　　　 市场部（0531）82098479　82098476（传真）
　　　　 网　　址 http：//www.hbcbs.com.cn
　　　　 电子信箱 hbcb@sdpress.com.cn
印　　刷 山东临沂新华印刷物流集团有限责任公司
规　　格 160毫米×230毫米
　　　　 8.25印张　70幅照片　150千字
版　　次 2018年6月第1版
印　　次 2018年6月第1次印刷
印　　数 1-4500
书　　号 ISBN 978-7-5474-2611-1
定　　价 48.00元

如有印装质量问题，请与出版社总编室联系更换。
建议图书分类：茶文化　知识　生活

茶意帖

"自从陆羽生人间，人间相学事新茶。"

当代人喝茶、品茗，越来越讲究，可惜，大多数人并不懂茶。

如此，点评《茶经》不仅是一件有意思的事，也成为一件必要的事情。

看《茶经》的同时，还浏览了许多其他茶书，在梳理的过程中，也加深了对《茶经》一书的理解。这时候才知道，中国茶文化的博大精深，真是无以复加，值得深入探究。可是，当代人对《茶经》知之甚少，甚至一无所知；对中国茶文化的认知，也并不确切。虽然在中国，陆羽、卢仝的信徒遍地可寻，但至今仍有以日本的茶道为正宗，推崇为至高无上者。说起来未免是笑话了。

中国的茶道，自有清风明月般的精神。

在中国的茶文化语境中，人与茶有着感性、复杂的联系。

喝茶，最好无功利目的，坦坦荡荡，只凭性情，与茶人结拜，与茶友切磋，也并不刻意地附庸风雅，正与陆羽提倡的"清饮法"相互映衬。

《茶经》一书，为中国的茶文化史勾勒出一个整体轮廓，构建了丰富的心灵感受，展示了深厚的人文内涵。后世学者均以此为素底，将茶赋予很多审美和文化的意义，静静地，记录下茶史的变迁、茶诗的清愁、茶人的感悟……体会茶生活的纯朴、简洁、纤细、蓬勃。同时，守护住自己的一颗心，清净自在，不被纷繁的俗事所左右。

茶，令人清澈。每道茶的茶性均有不同，有的性情温柔，有的性情刚烈，有的性情孤僻，有的性情亲和，不一而足。用文字把对每道茶的体悟固定下来，将那些倏忽即逝的感觉诗意化，不是一件容易的事。

闲情逸致虽好，却无法应对大时代的风云。古人说，一勺水，便具四海水味，世味不必尽尝。因此，只在时间的深处，安安静静做自己的功课。品茗如是。

喝喝茶，品品《茶经》，人生的目标似乎清晰了许多。写这本书的时候，茶与植物一直穿插在生活里。这种草木生香、茗香四溢的方式，颇有思古之幽情，是在平庸生活中体味幽静淡远，轻尘微苦。

我毕竟不能做风景的怀旧，只能做人文的。

是为序。

鱼丽

二〇一七年十一月二十日

目录

引言

茶人绝响

　　清人张潮借《幽梦影》一书说:"茶以陆羽、卢仝为知己。"这二人关于茶的风花雪月,怕是说不尽的。

　　茶在隋唐以前,多是遣兴的游戏。以前的茶诗也是如此,何尝是有意为之?不过随心而吟,逞性而歌,全是性情语。到了陆羽,才逐渐将游戏做得认真起来。

　　自唐之后,茶道大兴。这时的唐人,是家家品茗,户户茶饮。身处这一大背景之下,富有情怀的茶人,借机把"根"扎得很深。

　　但茶自诞生之日起,历经千余年而没有人做总结,是陆羽起了兴,细述它的来龙去脉。从物质生活层面着眼,《茶经》呈现了唐人品茶的趣味、观念等,并一直深入到唐人广阔深邃、云卷云舒的智慧与信仰生活之中。

　　陆羽以一本《茶经》撩拨起读者五彩缤纷的想象力,也因此赢得了"茶神""茶仙""茶圣"等赞誉。据《新唐书》记载:"羽嗜茶，著经三篇，言茶之源、之法、之具尤备，天下益知饮茶矣。"

作为茶人，陆羽并不去恪守什么秩序或理念，而是把自己喜欢的茶写得蕴藉摇曳，因此在茶史上留下了浓墨重彩的一页。

《茶经》不凡，为世界上第一部茶学专著，是陆羽于唐朝上元初年（760）隐居江南撰写而成。

全书分上、中、下三卷，共十章，用约七千字，讲述了茶的前生后世。其主要内容为：一之源；二之具；三之造；四之器；五之煮；六之饮；七之事；八之出；九之略；十之图。

陆羽勾勒出的茶文化，稳重、简洁，不过度描摹，却紧扣茶意的深度。茶里乾坤颇大，要用渐进的方式去理解《茶经》，不能一蹴而就。关于陆羽的茶诗，让人喜欢的是北宋著名诗人梅尧臣的一句："自从陆羽生人间，人间相学事新茶。"渐渐地，对陆羽其人也有了了解的兴趣。

读过陆羽文章的人，往往会在心里勾勒出一个文人气十足的形象。元代画家赵原绘有一幅《陆羽烹茶图》，以陆羽烹茶为主题，周遭山水环绕，环境清雅，有山岩平缓而突出于水面，林间有一小屋，屋内陆羽端坐于案桌前，悠然凝神，旁有童子，拥炉烹茶。画中题有一诗："山中茅屋是谁家，兀坐闲吟到日斜。俗客不来山鸟散，呼童汲水煮新茶。"一代茶圣陆羽，隐居山间，闭门著书，不愿为官，以嗜茶闻名于世，画家着墨处处体现出了他的精气神，也让人感受到他的才华与他的泰然自若。

陆羽（733—804）的一生富有传奇色彩。他出生于唐朝复州竟

元 赵原《陆羽烹茶图》（局部）（台北故宫博物院藏）

陆羽

陵（今湖北天门市），相传幼时被弃于城外的西湖之滨，被龙盖寺住持智积禅师收养。智积禅师从《易经》"渐卦"的卦辞"鸿渐于陆，其羽可用为仪"（鸿雁缓缓飞行到山峰上，它的羽毛可用作典礼中的装饰），为陆羽取字"鸿渐"。智积禅师作为饱学之士，深通佛理，兼及好茶，陆羽便浸淫其间。

读《全唐文》里陆羽的自传："陆子名羽，字鸿渐，不知何许人也。……有仲宣、孟阳之貌陋，相如、子云之口吃，而为人才辩笃信，褊躁多自用意，朋友规谏，豁然不惑。凡与人宴处，意有所适，不言而去，人或疑之，谓生多瞋。及与人为信，虽冰雪千里，虎狼当道，而不愆也。"（《全唐文·陆文学自传》）自卑之中，却隐藏着自负。陆羽将自己比作王粲、张载、司马相如、扬雄，可见他心中的抱负。他的命运，或浓或淡，起落转承深有痕迹。

许多有缘的东西，会随着时间流逝；许多美好的事物，也终像雾一般渐渐消散。但茶却随着时间的推移，渐渐渗进了陆羽的生活，也给他带去种种的快乐。陆羽心里从此有了牵挂，在以后的人生中，始终有茶的清晰位置。

因避安史之乱，陆羽来到位于浙江湖州的苕溪顾渚山，一种静谧与自然的气息充满这方小小的空地。苕溪清澈可鉴，江南风物迷人，生活显得简约却不简单，让人有一种回归自然的感觉。陆羽于一泓清泉边，择地结庐，著书志年，日子便如饮茶一般清淡而平静地滑过。

陆羽隐居苕溪期间，经常与当地的高僧名士往来于山寺之中，和皇甫曾、刘长卿、皎然、张志和、戴叔伦、颜真卿、李冶等唱和往还，高蹈的文笔、精神化的话题，一直绵延不绝。有次诗僧皎然寻陆羽不遇，写了一首诗记这件事："移家虽带郭，野径入桑麻。近种篱边菊，秋来未着花。叩门无犬吠，欲去问西家。报道山中去，归来每日斜。"遇知己不见，心中怅然之情宛然可见。诗人皇甫曾也写有《送陆鸿渐山人采茶回》的五言茶诗。陆羽一路访茶、寻泉、问友。夜宿野寺，日积月累，由喝水至茶艺，到发而为文，二十八岁便写就《茶经》初稿。他过着"闭关对书，不杂非类，名僧高士，谈宴永日"（《全唐文·陆文学自传》）和"细写《茶经》煮香茗，为留清香驻人间"的隐居生活。陆羽在江南沉静下来，一共花了二十五年，成就了他毕生茶事绝学的心髓——《茶经》。他也许本来只想写一篇文章，谈谈他为什么喜欢茶，可是后来发现，一篇的容量不够，一把话摊开，十节的内容就出来了。他没有什么固定成形的生活理念，他的快乐得自最朴素的自然感觉。

在江南这片广阔的茶产地，陆羽的品泉问茶路线也颇为精致：先后到过绍兴、余杭、苏州、无锡、宜兴、丹阳、南京、上饶、抚州等地，最终又返回湖州。陆羽从活色生香的江南茶工中嗅出草木芳气，又能用轻灵的方式表达沉郁的东西，史实精致而不失缜密体系，仿佛是四地之水流入一溪，汇成茶之源头。读《茶经》，仿佛有层层绿林，将茶之精华一寸一寸地吸纳于其中，茶史清澈，茶事鉴人，文气青郁，是茶书之经典。

湖州是陆羽最后的归宿地。

贞元末年（804），陆羽走完了他的皓首穷"茶"之路，悄然逝去，葬于浙江省湖州市郊区东南约三十公里处的杼山。

陆羽的贡献，正如"大历十才子"之一耿湋所形容的"一生为墨客，几世作茶仙"（《连句多暇赠陆三山人》）。

他用亦草亦篆、亦行亦楷的笔法成就的这本《茶经》，自此也成为后人膜拜的茶书经典——《一之源》是篆书笔法，古意森然；《三之造》是隶书笔法，出笔谨严而肃然；《六之饮》是行书笔法，速写的痕迹浓重；《八之出》是楷书笔法，一笔一画都很用力，端方正直；《十之图》是狂草行笔，让人心生敬意。

丰厚的内容、简净的文字，散发着智者的气韵。陆羽真是一位教人雅致生活的高手，其中的奇言妙句，成为后世茶人依据的典范。《茶经》虽薄为一小册，但天地之精神、山水之灵秀、人文之

明　陈洪绶　《闲话宫事图》

英华，尽在字里行间，实可敷演为一本趣味生活的茶学教科书。他虽无意崭露他的修辞特色，但这部经典还是显出了某些文学特质。其中清雅淋漓的饮茶法，显出他身处江南水乡的茶人柔情。

陆羽不但是一位茶叶专家，也是一位杰出的诗人、小学专家、传记作家、史学家、地理学家。另外，他作优人时还写过一些剧本，并且写得一手好字，所以他又是剧作家和书法家。他撩拨得人们眼花缭乱，循着茶香，走向那茶意幽满之地。茶人风致，也是有迹可寻的。

陆羽一生坎坷，漂萍无定。他有着身处底层的粗朴拙实，又于茶有独得之秘，可以说，茶是他生命之花的花蕊。

据陆羽《茶经》一书发挥的专著有很多，自《茶经》到清末程雨亭的《整饬皖茶文牍》，古人写茶的专著有一百多种。包括茶法、茶记、茶谱、茶录、茶疏、煎茶、品茶……时至今日，若论对茶性、茶史的发掘，对茶文化、茶的价值取向的深刻描摹，陆羽仍是千古一人。还有什么茶人，能滤尽所有的苍凉，攀登到如此高度？

也唯有陆羽这样朴拙的人，最终成为茶世界里的绝响人物，在茶的世界里，可以更深、更切、更精微地体味人生。

茶经

一之源

南方草木

【原文】

茶者，南方之嘉木也。一尺、二尺乃至数十尺。其巴山峡川，有两人合抱者，伐而掇之。其树如瓜芦，叶如栀子，花如白蔷薇，实如栟榈，蒂如丁香，根如胡桃。瓜芦木出广州，似茶，至苦涩。栟榈，蒲葵之属，其子似茶。胡桃与茶，根皆下孕，兆至瓦砾，苗木上抽。

【译文】

茶树，是我国南方优良的常绿树种。茶树的高度有一尺、二尺，有的甚至高达数十尺。在巴山峡川一带，还有树干粗到需要两人合抱的茶树，必须砍伐下枝条，才能采摘到茶叶。茶树的形态像瓜芦，叶子像栀子叶，花像白蔷薇，果实像栟榈，蒂像丁香，根像胡桃。瓜芦木出产于广州，外形很像茶，味道苦涩。栟榈，是一种蒲葵类植物，种子像茶籽。胡桃和茶树的根都向下生长，遇到坚实的砾土层，苗木才向上生长。

【点评】

南方嘉木，草木春秋

茶的身世可以追溯得很远，远到传说中遍尝百草的神农氏。"神农尝百草"虽属传说，却蕴藏着厚重的历史信息，指向远古人们饮茶的萌发阶段。

可在陆羽笔下，却洗尽铅华，卓然特出：茶者，南方之嘉木也。这个起兴让人们注目南方。在那里，古茶树参天，绿意葱茏。

神农

中国是茶的故乡，茶树的种植就是以巴蜀为中心的。在陆羽生活的时代，在巴山峡川，就有两人合抱的大茶树。即使现在去云南、广东等地，也会看到千年的古茶树伸展着苗壮的枝条，在阳光下熠熠生辉。云南省西南部的凤庆县，就有一棵香竹箐古茶树，被命名为"锦绣茶祖"，树龄已逾3200年。这棵祖母级的古茶树是目前世界上发现的最古老的"活化石"。

大茶树生长的环境比较特殊，多为人烟绝迹的深山峻谷，它的周围多是些木莲、鹅掌楸，构筑了一个绿意参天、耸然挺秀的植被世界。

陆羽开篇以茶为主体，用史家为人作传的口吻，描述茶：

> 其树如瓜芦，叶如栀子，花如白蔷薇，实如栟榈，蒂如丁
> 香，根如胡桃。

那时，普通人对茶的认识一定还不够充足，陆羽就拿一些常见的植物花草来打比方：瓜芦、栀子、白蔷薇、丁香、胡桃。这些植物是常见的，也是美丽的，人们读了，自然会浮现一幅别具情致的画面。特别是他用栀子、白蔷薇、丁香等来比附，让人眼前立刻浮现一幅白茶图，风味恬淡，清白可爱。

陆羽对茶树的描述，不仅形象，而且生动。这几种果实中，有一样瓜芦，值得一说。这是一种常绿大叶乔木，外形像茶，品尝起来口感苦涩。从魏晋至唐代，都有取瓜芦当茶饮的，会令人通宵不眠。当时的南方人，特别是交州、广州等地人，喜欢当茶一样煎饮瓜芦。其中，唯有"栟榈"难理解些。其实说白了，栟榈即棕榈，属棕榈科，因为它的核果近于球形，呈淡蓝色，有白粉，所以用它来比拟茶的果实比较形象，也有了充分的依据。

从古至今，书法家、篆刻家、碑文、茶碗、字典演绎过无数的"茶"字，如许慎在《说文解字》里解读"茶"字，瞻明可信；苏轼笔下的"茶"字，笔走龙蛇；西汉印章上的"张茶"二字，笔致清晰；柳公权楷书《玄秘塔碑》里的"茶"字，规矩端稳；唐长沙

南宋 佚名《竹林拨阮图》

胭脂红碗（清 雍正）

窑茶碗上的"茶"字，淡雅似花；甲骨文中的"茶"字，简明扼要，象形无边；唐《碧落碑》上的"茶"字，挺拔似一棵茶树；东汉青瓷贮茶瓮颈处的"茶"字，隶意浑然……

古人有关"茶"的诗、画、文，均显文意盎然。在古代文人写的帖里，"茶"也是一个常常出现的字眼。

唐书法家怀素有草书《苦笋帖》，是现存最早的与茶有关的佛门手札，上写："苦笋及茗异常佳，乃可径来，怀素上。"这里的"茗"，即是"茶"的同义字。人们平素里说的"品茗"，其实就是"喝茶"。茶名里，也有按此起文绉绉的名，如婺源茗眉、瀑布仙茗、天宝茗海等。还有以"茗"入诗的，如"径山茗好传千里""红炉煮茗松花香""西第晚宜供露茗""一瓯新茗侍儿煎""茗酊待幽客"……

陶毂《荈茗录》约一千字，内容均为关于茶的故事，分为十八条，即：

> 龙坡山子茶、圣阳花、汤社、缕金耐重儿、乳妖、清人树、玉蝉膏、森伯、水豹囊、不夜侯、鸡苏佛、冷面草、晚甘侯、生成盏、茶百戏、漏影春、甘草癖、苦口师。

这些茶名好听，像一群衣衫华丽的缙绅、满口子曰诗云的知识分子、脾气古怪的手艺人聚在一起。茗、森伯、冷面草、余甘氏、离乡草、不夜侯、鸡苏佛、晚甘侯、苦口师、涤烦子等，到后世均成为茶的别名雅号。茶有这么多别名，也验证了古人丰富的想象力。其中"不夜侯"这一别名，让人产生遐想，有种令人屏息静气的庄严。浙江女作家王旭烽的"茶人三部曲"之二，即名为《不夜之侯》。馥郁茶香，组成一个十分可观的庄严世界，为茶命名的茶人，想象力远超过评者史家。

【原文】

其字，或从草，或从木，或草木并。从草，当作"茶"，其字出《开元文字音义》；从木，当作"槚"，其字出《本草》；草木并，作"荼"，其字出《尔雅》。其名，一曰茶，二曰槚，三曰蔎，四曰茗，五曰荈。周公云："槚，苦荼。"杨执戟云："蜀西南人谓茶曰蔎。"郭弘农云："早取为茶，晚取为茗，或一曰荈耳。"

【译文】

"茶"字，有的部首从"草"部，有的部首从"木"部，有的则是"草""木"两部兼从。从"草"部，应当写作"茶"，这个字出自《开元文字音义》一书；从"木"部，应当写作"槚"，这个字出自《本草》一书；"草""木"两部兼从，应当写作"荼"，这个字出自《尔雅》一书。茶的名称，一种叫"茶"，一种叫"槚"，一种叫"蔎"，一种叫"茗"，一种叫"荈"。周公曾在《尔雅》中说过："槚，就是苦荼。"扬雄曾在《方言》中说："蜀地西南的人把茶叫作蔎。"西晋学者郭璞曾在《尔雅注》中说："早采的叫作茶，晚采的叫作茗，或叫作荈。"

人在草木间

"茶"字是一个很好解说的对象。一笔一画地拆开来，就与草木息息相关。

陆羽说："其字，或从草，或从木，或草木并。"

茶的字形那么亭匀有致，音节也那么悦耳动听。其实可以将茶当作植物来认识与欣赏。"茶"字的三种写法——从草，当作"茶"，其字出《开元文字音义》；从木，当作"槚"，其字出《本草》；从草从木，当作"茶"，其字出《尔雅》。

一个"草字头"，加"人"，加"木"组成的"茶"字，一经解构，一幅人与草木乃至大自然和谐共生的画卷徐徐展开。

要把"茶"这个字说清楚，并不是一件容易的事。这个用朱砂圈批的字，可圈可点。

古人对茶的认识，是渐渐清晰、简洁起来的。起初，茶并不叫作"茶"。"茶"由"荼"字演变而来。《尔雅》《晏子春秋》《尚书》等经典，虽已将"茶"铭刻在册，称呼却是五花八门，有"荼""槚""茗""诧""荈"……

先说荼与茶。"古称荼苦近称茶"，古时称茶为"荼苦"，这和茶带有些微苦涩的味道有关。常喝茶的人不觉得这是苦，而是一种特有的酽味，产生出微微的庄严、凉爽。无此苦味，亦无茶味可言。

《开元文字音义》是唐玄宗时代编成的一部字书，书中已收有

"茶"字，出在陆羽《茶经》写成之前二十五年，所以并不是如南宋魏了翁在《邛州先茶记》中所说："惟自陆羽《茶经》、卢仝《茶歌》、赵赞《茶禁》之后，则遂易荼为茶。"

茶与荼，是一对南方佳人。"荼"为长姐，毕竟多了一笔；而小妹"茶"字，却就此越过了荼，成为众人赏识、人人皆品的亲切之物。

相比这些本名，它的小名也有好几个。陆羽说："其名，一曰茶，二曰槚，三曰蔎，四曰茗，五曰荈。"有这五个"兄弟姐妹"做伴，茶家族看起来很热闹，可以开一个茶话会。有些是人们熟悉的，如"茗"，文绉绉的，文人雅士颇为偏好；另外几个名字，则越来越像深山野林里的高人，几无人认得。根据地方不同，茶的叫法也不同，如"槚"，是指"苦茶"；蜀西南人称茶为"蔎"；"荈"像躲在"茗"身后的少言寡语的小姐妹，时间一长，便无人关注了。

而郭弘农的注则更为详细。

郭弘农，即晋代的郭璞（276—324），曾经为《楚辞》《山海经》《方言》等古籍作注，是一位博洽多闻的学者。他在《尔雅注》中的这一句颇有分量："早取为茶，晚取为茗，或一曰荈耳。"这就将茶与茗做了精确的区别。中国文字的命名趣味，就在这点滴区别之间，细品起来，有识见，有兴味。

虽然都是茶，在茶世界里却有细微之别。

陆羽让人们密集地见证了茶文化的发展，也以碎片式的记述一点一滴颠覆着世人对茶的认知。

茶就是"人在草木间"。草木如诗，在中国人的观念里，天人合一就是自然之道。茶来自草木，因人而获得独特价值。确切地说，茶是因为陆羽才摆脱了自然的束缚，获得了解放，一举成为华夏的饮食和精神缩影。

草木之本性，使茶蕴含了幽香和悠远的意味，也使它有着卓然的绿意。

古人的风雅在命名茶叶的形状及芽数上，也是丝毫不苟且的，名字均高雅有风华，令人难忘。一芽为连蕊，如含蕊未放；二芽为旗枪，如矛端再增一缨；三芽为雀舌，如鸟儿初启幼嘴。这些说法，均静美脱俗，有一股清韵之气。看上去烦琐，实则细致，有着采摘茶叶时的标准，也为享受饮茶带来乐趣。

怀茶之幽情，频频见示于各类古代典籍之中，如《尔雅》中的"槚，苦茶"，《广雅》中的"荆、巴间炙粳苦茶之叶，加入菝、姜、橘子等为茗而饮之"。顺着典籍提供的释义，秀气的书间夹注，茶的含义日渐明晰。

如果将远古的茶与唐代的陆羽、诗歌、古代典籍嫁接在一棵茶树上，也将那份芳香的诗意深深镶嵌进了人们世俗的生活。

陆羽的文字，像春阳温温地辉映在静谧的林间茶园，透着一种温热的生活气息，他笔下的《茶经》，比纯粹格物考据的草木文多了人的体味。就这样，从一草一木中解读远逝的天地精华与人文遗韵，一种轻微古旧的茶气息就此弥散开来。

吟微調弄萬竈下桐
松間疑有入松風
仰窺低審含情客
以聽無絃一弄中
　　臣京謹題

聽琴圖

宋　赵佶《听琴图》

【原文】

其地，上者生烂石，中者生砾壤，下者生黄土。凡艺而不实，植而罕茂。法如种瓜，三岁可采。野者上，园者次。阳崖阴林，紫者上，绿者次；笋者上，牙者次；叶卷上，叶舒次。阴山坡谷者，不堪采掇，性凝滞，结瘕疾。

茶之为用，味至寒，为饮，最宜精行俭德之人。若热渴、凝闷、脑疼、目涩、四支烦、百节不舒，聊四五啜，与醍醐、甘露抗衡也。

采不时，造不精，杂以卉莽，饮之成疾。

【译文】

茶树生长的土壤：以生长在土质坚硬的烂石土壤中的茶树为佳，以生长在土质稍硬的沙质土壤中的茶树为次，而以生长在土质松散的黄土中的茶树为最差。一般来说，茶树的栽植，如果栽种时不压实土壤，或者采用移栽的种植方法，栽种后都难有生长得很茂盛的。应当按照种瓜的方法去栽植茶树，这样，经过三年的生长，就可以采摘了。茶的品质，以山野间自然生长的为佳，园圃中人工种植的为次。生长在向阳的山崖、林阴覆盖之下的茶树，芽叶呈紫色的为佳，呈绿色的次之；叶芽壮实、外形如笋的为上品，叶芽细瘦、外形如牙的次之；叶缘反卷的为上品，叶面平展的次之。生长在背阴山坡或山谷之中的茶树，品质不佳，不值得采摘，因为其性状凝滞，饮用后使人腹中结肿块，会生疾病。

茶的功效：因为茶的性味至寒，用作饮料，最适合那些品行端正、具有节俭美德的人饮用。如果有发热、口渴、凝滞、胸闷、头疼、眼涩、四肢无力、关节不舒畅等症状，只要喝上四五口茶，就如同喝了醍醐、甘露那样有效。

如果茶不能按时令得到采摘，制作方法不精细或者混杂着野草败叶，那么人饮用后就会生病。

【点评】

最宜精行俭德之人

茶自古就有，也是古人日常亲近之物。《茶经》里有一些是植物知识，但是陆羽做了比较精细的准备工作，传达一种精致考究的植物气息：

凡艺而不实，植而罕茂。法如种瓜，三岁可采。

陆羽在《茶经》中，把植茶之地分为上、中、下三类，即烂石、砾壤和黄土：

其地，上者生烂石，中者生砾壤，下者生黄土。

具体阐述说，"烂石"是指风化比较完善的土壤，即茶农所谓的生土，能使茶树生长健壮；"砾壤"是指含沙粒多、黏性小的土壤；至于"黄土"，可以认为是一种黏性结构且透气性差的土壤，使得茶树生长和品质表现都很差。

在中华肥沃的土壤中，长出了西湖龙井、惠明茶、平水珠茶、蒙顶甘露、庐山云雾、九曲红梅、荔枝红茶、信阳毛尖、休宁松萝、老竹大方、开化龙顶、天目青顶、安吉白茶、大红袍、水金龟、温州黄汤、云南普洱茶、四川边茶……各地名茶，如同手卷中的画幅一般展开来，每种茶都透出与当地生存环境的不解之缘。

旅游在外，茶树随处可见：宣城、宜兴、黄山、武夷山……均能看到成片的茶园。那些隐迹于翠竹蔽天、甘泉淙淙之间的茶园，环境、植被、土壤等高度契合陆羽的记述。其实，不管什么土壤、植被，那些过往之处，都是人们心目中植茶的好地方，值得人们愿用轻松的心境，去欣赏云朵掠过茶场，茶树依序成长，鸟声渐次响起。

陆羽本质上是个诗人，有着凝练、干净的诗笔。他在《一之源》中描述茶的品质时，畅快地写了"野者上，园者次。阳崖阴林，紫者上，绿者次；笋者上，牙者次；叶卷上，叶舒次"，文人的笔法工雅加怡情养性，实乃中国茶艺文学之发端。

在浙江丽水缙云仙都峰的山脚下，可以品尝到上了年纪的老茶人泡的高山云雾，喝上一口，会觉茶味略苦而有芳香。虽然这高山云雾有点名不副实，毕竟秀丽的浙东山水是难以与那真正的高山相媲美的。但"高山云雾孕好茶"却是所言不虚，略带禅意的短诗提醒人们，喝茶就是一个不断修行的过程。人工种植的茶园大多在低山或坡地，而野山茶树多生长在高山、深山。所以陆羽说，茶树"野者上，园者次"，便是此意。

陆羽讲究喝茶的境界。茶的美学趣味，让陆羽不断寻找对茶性和茶人品行的陈述方式。他认为，茶作为饮品：

> 茶之为用，味至寒，为饮，最宜精行俭德之人。

饮茶，不只是简单的吃喝，而是可以通过对饮茶审美的体会，反映人品行为性格。强调的是"精行俭德"，有守有节，不为物欲所动的贤德之士。

陆羽在浙江湖州著述《茶经》时，经常与爱茶的文人雅士聚会，品茶吟诗。唐代以茶养德的雅志蔚然成风，如陆羽的至交诗僧皎然咏茶："一饮涤昏寐，情思爽朗满天地。再饮清我神，忽如飞雨洒轻尘。三饮便得道，何须苦心破烦恼。"后辈卢仝的《茶歌》更是脍炙人口。这些都体现了陆羽精行俭德的精神和思想。茶成为日常生活的重要点缀，文人的风雅性情，又涵养着几分隐逸的静寂。

《茶经》倡导的"精行俭德"，与现代人所追求的优雅怡然的生活方式不谋而合。可见只有精行俭德，才算品得真滋味也。

明 陈洪绶 《停琴品茗图》

【原文】

茶为累也，亦犹人参。上者生上党，中者生百济、新罗，下者生高丽。有生泽州、易州、幽州、檀州者，为药无效，况非此者。设服荠苨，使六疾不瘳。知人参为累，则茶累尽矣。

【译文】

选择茶叶的困难，在于区别它的等级，就像选用人参的等级一样。上等的人参产自山西上党，中等的人参产自百济和新罗，下等的人参产自高丽。出产于泽州、易州、幽州、檀州等地的人参品质更差，作为药用，没有疗效，何况连这些都不如的呢！如果服用的是荠苨而非人参，那就什么疾病都治不好。懂得选用人参的困难，那么选用茶叶的困难也就可想而知了。

【点评】

有累必有"德"

每一颗芽头都经过采茶人的精挑细选，每一颗芽头都承载着制茶人的关爱。

与此同时，陆羽充分认识到"茶累"——"茶为累也，亦犹人参"：

> 上者生上党，中者生百济、新罗，下者生高丽。有生泽

26

州、易州、幽州、檀州者，为药无效，况非此者。设服荠苨，使六疾不瘳。知人参为累，则茶累尽矣。

茶恰好是饮食辩证法的一个例证：从出产、加工、水火等过程中产生的错误，会使茶有害人体健康。要喝到好茶，就要花足够的心思，茶的时令、造法一旦有所误差，喝起来不仅不能提升人的精神，反而会喝出病来，受其累其害，最终失去茶原本的滋味。一字一句，犹如金石之音，时时提醒着人们。

茶德仁，自抽芽、展叶、采摘、揉捻、塑形、烘焙到成茶，要经历一个漫长而艰难的过程。这是对苦难的升华，也是对道德的升华。

唐人刘贞亮又提出："以茶散郁气，以茶驱睡气，以茶养生气，以茶除病气，以茶利礼仁，以茶表敬意，以茶尝滋味，以茶养身体，以茶可行道，以茶可雅志。"可以作为茶之"十德"。

茶简约、大方、高洁、仁德的品相，就此定格了。

陆羽笔满云烟，腾挪有致，对茶既有恢弘的全景描述，更有幽微的细部特写。中国茶史有这么一个充满自然力、响着金石声的开头，《茶经》精彩的一幕就徐徐开始了。

二之具
诗意咏茶具

诗意的制茶工具

陆羽眼中的春瓯茗花的制作，其实包含着唐人丰富的制茶经验与知识智慧。

这一节，茶的采制工具，罗列得井然有序，仿佛是陆羽回到旧时光阴里。他品着一壶好茗，望着檐外的落雨，在那儿细细重温当初造茶的意趣。

中国茶文化的细节自然是丰富的，制茶工艺尤为复杂。陆羽对器物有种奇妙的敏锐，灵感或许来自他的耳濡目染。茶人们朝随鸟俱散，暮与云同宿，不惧采茶、制茶的辛苦，陆羽全都看在眼里，而且还亲自动手参与过，成为煮茶人、焙茗人。因而，他能在《二之具》中，详细记录下茶叶在采摘、加工、生产中的用具，详细介绍制作饼茶所需的工具名称、规格和使用方法。

宋末元初 钱选 《卢仝烹茶图》

这些尺寸不一的茶具略有二三十项，细说来，茶之具按作用可分为：

采茶工具：籯

蒸茶工具：灶、釜、甑、箄、芘

成型工具：杵臼、规、承、襜、芘莉

干燥工具：棨、扑、焙、贯、棚

记数工具：穿

封藏工具：育

七道工序：在采茶、造茶中使用这些工具进行采、蒸、捣、拍、焙、穿、封的七道工序。

这七道工序虽素材简单，讲究的却是功夫。实际上，是可以从这零散的制茶工序中还原出一道道诗意的制茶过程，大致为：籯贮绿华，灶起岩根，盈锅泉沸，满甑云芽，左右捣膏，方圆随拍，列陈芘莉，烘燥金饼，文武文候，次第层取……

再具体说说详细的制茶工具和过程：

【原文】

籯加追反，一曰篮，一曰笼，一曰筥。以竹织之，受五升，或一斗、二斗、三斗者，茶人负以采茶也。籯，《汉书》音盈，所谓"黄金满籯，不如一经"。颜师古云："籯，竹器也，受四升耳。"

灶，无用突者。

釜，用唇口者。

甑，或木或瓦，匪腰而泥。篮以箄之，篾以系之。始其蒸也，入乎箄；既其熟也，出乎箄。釜涸，注于甑中。甑，不带而泥之。又以榖木枝三亚者制之，散所蒸牙笋并叶，畏流其膏。

【译文】

籝读音为"加追反"，是一种竹编的器物，又叫篮，又叫笼，又叫筥。有的可以盛五升的茶，也就是半斗，而有的则可以盛得更多，有一斗、二斗甚至三斗之多，是茶农背着用来采茶的。

灶，用没有烟囱的（使火力集中于锅底）。

釜，用带唇口形的锅。

甑，有用竹木制作的，也有用土坯烧制而成的。在"甑"的腰部涂上泥，将一种竹制的篮子状的蒸隔"箄"覆盖在甑的底部，再用竹篾系在箄上。开始蒸时将茶叶放入箄中；当茶蒸熟之后，从竹箄中将其取出。当锅里的水煮干之后，可以继续向甑中注水。在给甑涂上泥时，可以留个缺口。也有用三杈的榖树枝制成的木棒来不停地翻动茶叶，将已蒸好的笋状的茶芽、茶叶摊开散热，避免茶汁流失。

【点评】

由采而蒸

首先，盛茶的工具用的是"籝"，这是一种竹编的器物，轻巧、精致，采茶人对它的称呼是随意的，也是变化的，有时叫"篮"，有时叫"笼"，有时又叫"筥"。唐代诗人陆龟蒙有诗对它描写道："金刀劈翠筠，织似波纹斜。"（《茶籝》）可见，它是一种竹制、斜纹编织的茶具。用这种轻巧的器物来盛放采摘下来的新鲜茶叶，很能形成诗意的形象，以至在诗经时代，那些神采奕奕的采茶姑娘，背着这种采茶筐，将春茶中那芽尖的一抹嫩绿采摘了下来，心情会轻松愉快不少。她们情不自禁地吟唱道："予以盛之，维筐及筥。"（《诗经·召南·采蘋》）据考证，方的盛器叫筐，圆的叫筥。用这种"籝"来盛放所采的茶，容量是可观的，有的可以盛五升的茶，也就是半斗，而有的则可以盛一斗、二斗、三斗之多。"天赋识灵草，自然钟野姿"的茶女们，背着那些还沾着露珠的、绿莹莹的茶叶，堆满了茶筐，有的甚至都冒出尖儿来，真可以说是春天里赏心悦目的一景。

其次，制茶工人要把采来的茶叶放入锅中蒸，目的是去除青草的异味，也叫作"杀青"。这就用到了灶、釜、甑、箄、叉等器物。从这几样看似简单、不经意的制茶器具里，却处处可以体会到古人的智慧及用心。

先说"灶"。这是一种没有烟囱的制茶工具。而釜呢，即指一种带唇口形的锅。唐人制茶，细节考究，又自有一种聪慧想法，他们用舍弃了烟囱的灶来烧，又用带唇口的锅来煮，目的是为了让烧茶的火能够更集中。当猛烈的火力全都集中于锅底，那烧茶之水，也会相应地更快地沸腾，而沸腾之水因带唇口的锅，则不会轻易漫

环耳银锅

青铜釜煮茶器

溢开。这种烧法对于"杀青"极为关键。看似简单的用心，却足可让制茶人放心地捻须微笑，静等茶熟。

次说"甑"。制茶人继续发挥他们的才智——为了保持蒸茶时热量不易散失，他们想出了"匪腰而泥"的办法，即在这种类似圆筒形竹筐的"甑"上涂上泥。但这又是可以商量通融的，可以"不带而泥之"，即在涂泥的时候，周围可不必完全涂满。箄，即竹制的篮子状蒸隔。将这种像竹篮一样的"箄"覆盖在甑的底部，然后用竹篾系在箄上，这样可以方便从甑中取出来。蒸茶的材料准备好之后，将所需蒸之茶放入竹箄之中；当茶蒸熟后，从竹箄中取出来，方便利落，也可以让人想见制茶人轻巧灵活的身姿，在氤氲着水汽的蒸茶处忙碌着。他们须守在那儿，当锅中的水烧干后，他们可以继续向甑中注水。

再说"亚"。制茶人为了劳作的方便，细心地考虑制茶的一些细节，就拿着这个用三权的榖树枝制成的木棒来不停地翻动茶叶，将已蒸好的笋状茶芽、茶叶松松地摊开，散热，避免茶叶的汁液流失。

采时林穴静，蒸处石泉嘉。想象着，古人在好花好天，这边烧着水，那边蒸着茶，看到蒸茶时"盈锅玉泉沸，满甑云芽熟"，一步一步，杀青渐成。虽然忙碌辛劳，虽然这些制好的茶并非是自己享用，而多是给那些达官贵人品尝，但是他们彼时彼刻还是会有一种满心的喜悦吧！

苍苔白石如相识，两匝疎
风不为荼春挂玄共涯上
乐此还林下作闲人
癸亥四月晦日兴
和仲同生修雪馆中
浸雪林泉善遂盦井
戏小诗为赠
茂苑文嘉 [印]

明 文嘉《林泉高逸》

【原文】

杵臼，一曰碓，惟恒用者佳。

规，一曰模，一曰棬。以铁制之，或圆，或方，或花。

承，一曰台，一曰砧。以石为之。不然，以槐、桑木半埋地中，遣无所摇动。

檐，一曰衣。以油绢或雨衫单服败者为之。以檐置承上，又以规置檐上，以造茶也。茶成，举而易之。

芘莉_{音杷离}，一曰赢子，一曰筹筤。以二小竹，长三尺，躯二尺五寸，柄五寸。以篾织方眼，如圃人土罗，阔二尺，以列茶也。

【译文】

杵臼，也叫碓，用以捣碎蒸熟的芽叶，以经常使用的为好。

规，也叫模，也叫棬，这是用铁制成的模子，有圆形、方形，还有花形的。

承，也叫台，也叫砧，是用石头制成。不用石头而用槐、桑木制做时，就要将下半截埋于土中，以便使用时不能摇动。

檐，又叫衣，可用油绢或破旧的雨衣、单衣做成。制作饼茶时，把"檐"放在"承"上，"檐"上再放置模型"规"，用来制造压紧的饼茶。压成一块后，拿起来，另外换一个模型再做。

芘莉读音为"杷离"，也叫赢子，也叫筹筤。取两根长三尺的小竹竿，制成身长二尺五寸，手柄长五寸，宽二尺的工具，中间用竹篾织成方眼，就像种菜人用的土筛，用来放置饼茶。

【点评】

成型有灵性

蒸茶阶段告一段落之后，将茶制作成形的程序开始启动。成形工具有五种，即杵臼、规、承、檐、芘莉。每种器物都有自己的格调，还有灵性。

如杵臼，在唐代，捣茶有专用的"茶臼"，《柳宗元集》卷四三《夏昼偶作》里写过这种器具，"日午独觉无余声，山童隔竹敲茶臼"。用来制作茶臼的材质有多样，比如木头、石条、瓷块等。对于经常捣茶的人来说，用惯了的工具总是好的，所以他们的经验之谈就是——"惟恒用者佳"。

如规，这种用铁制成的茶模，样式比较多样，陆羽仅是简略地罗列，就有圆形、方形，还有花形的。用上这种模子，制茶时就可以"方圆随样拍"。可以想见，因为蒸好的茶叶是散的，人们把这些散茶叶捣碎了放入铁制的模具中，拍打成圆形、方形或花形，饼茶的形状就好了。发展到后来，用于制茶模的材质更多，据《北苑茶贡别录》记载：茶具有银模、银圈、竹圈、铜圈等。

承、檐、芘莉几样器具，精巧、雅致，带着沧桑的古意。芘莉的原注音与现在的读音有所不同，读为"杷离"，这是因为古今音已经有了变化。它也是竹子编成的。用檐置于承上，又将规置于檐上，用这样的方式来造茶，待规中的茶成形之后，能够很方便地将茶从规中脱出，使茶不沾在承上。这是茶如何从规中脱出的基本技巧，可见制茶人的匠心独运。茶从规中脱出之后，就放置于底部可以通风透气的芘莉之上，等待晾干。

劳碌忙作至此，制茶人可以稍微歇一口气，唱唱山歌，舒活一下筋骨，以迎接下一个制茶阶段的到来。

明 文徵明《真赏斋图》

棨，一曰锥刀。柄以坚木为之，用穿茶也。

扑，一曰鞭。以竹为之，穿茶以解茶也。

焙，凿地深二尺，阔二尺五寸，长一丈。上作短墙，高二尺，泥之。

贯，削竹为之，长二尺五寸。以贯茶焙之。

棚，一曰栈。以木构于焙上，编木两层，高一尺，以焙茶也。茶之半干，升下棚；全干，升上棚。

【译文】

棨，也叫锥刀，它的柄是用坚硬的木料做成，是为了给饼茶钻孔。

扑，也叫鞭，用竹条子做成，是用来穿饼茶的，方便饼茶的搬运。

焙，在地上挖一个深二尺、宽二尺五寸、长一丈的坑。坑上面砌两尺高的矮墙，涂上泥。

贯，用竹子削制而成，长二尺五寸，是焙烤时用来穿茶饼的。

棚，又称栈，用木头做成架子，放到焙上，分作上下两层，高一尺，用来烘烤饼茶。饼茶烘烤成半干时，放到棚的下层；全干时，移升到棚的上层。

【点评】

五种干燥工具

虽然有诗人吟道:"白茶诚异品,天赋玉玲珑。"实际上,玲珑的饼茶的制成并非仅依天赋,而人工实很重要。

制茶的另一工序是干燥,而干燥工具有五种,即:棨、扑、焙、贯、棚。

棨和扑是焙茶的前奏,制茶人为了在饼茶上钻孔,就要充分发挥"棨"的作用。而用竹条子做成的扑,是用来穿饼茶的,对于搬运饼茶也相当方便。一切准备工作就绪之后,就可进入下一步。这时,成形的茶叶含有较多水分,自然干燥并不能完全去除它的水分,所以人们就把饼茶放在火炉上焙,这样饼茶就完全干了。

焙,是指烘烤饼茶的土炉,原意是用微火烘烤。除了陆龟蒙写过"左右捣凝膏,朝昏布烟缕"的焙茶之诗,唐代另一诗人顾况在《过山农家》中也写道:"莫嗔焙茶烟暗,却喜晒谷天晴。"即反映了唐代烘烤饼茶的情况。要焙茶,先须在地上挖一个深二尺、宽二尺五寸、长一丈的坑。坑上面砌两尺高的矮墙,涂上泥。然后就可以"初能燥金饼,渐见干琼液",制茶人成功的喜悦可见。

焙烤饼茶时,是有一些细事要准备的。如"贯",制茶人要用竹子削制而成的"贯"来穿饼茶;如"棚",当饼茶烘烤成半干时,再将其放到茶棚的下层,当烘烤至全干时,又须将其移到茶棚的上层。

清 任薰 《竹林煮茶图》

制茶的干燥阶段虽然已近尾声，但明显在制茶的场地，制茶人的身姿更为忙碌了。

文雅的焙茗

明代文人李日华曾叹，世上有三大憾事："有好弟子为庸师教坏，有好山水为俗子妆点坏，有好茶为凡手焙坏。"可见"焙茗"在文人雅士心中的重要地位。

陆龟蒙在《奉和袭美茶具十咏·茶焙》一诗中吟道："左右捣凝膏，朝昏布烟缕。方圆随样拍，次第依层取。山谣纵高下，火候还文武。见说焙前人，时时炙花脯。"

皮日休的《茶焙》："凿彼碧岩下，恰应深二尺。泥易带云根，烧难碍石脉。初能燥金饼，渐见干琼液。九里共杉林，相望在山侧。"

焙茶的相关知识比比皆是：

屠赤水《茶笺》里记茶具有"湘筠焙"，也就是焙茶箱。

李日华《紫桃轩杂缀》里记："昌化茶大叶如桃枝柳梗，乃极香。余过逆旅偶得，手摩其焙甄三日，龙麝气不断。"

确实，古人有关制茶的方法也多种多样，如蒸、焙、炒，有的是先蒸后焙，有的是炒而不焙，有的是先炒后焙。比如明代制茶，罗岕是先蒸后焙，虎丘、松萝是炒而不焙或先炒后焙，相当于今天所说的蒸青绿茶、炒青绿茶、烘青绿茶。

唐宋饼茶与明代之后的散茶，制法完全不同，所以饼茶的

"焙"和散茶的"焙"又不相同。

元代学者马端临在《文献通考》中说："宋人造茶有二类，曰片曰散。片者即龙团旧法，散者则不蒸而干之，如今时之茶。始知南渡之后，茶渐以不蒸为贵矣。"

用现代人的观点来看，一杯茶包含这么多复杂的工艺，似乎难以理解。但对古代人来说，每一道工序都是必不可少的。就像要想将茶饮得至好至精，也须完成一定礼仪，才算是入必然之境。

作家王培华在《茶圣陆羽》一书中，详细还原了唐代如何焙茗的过程：

（陆羽）在焙茶房工地对工匠们说："焙房一定要按规格做好，坑须深二尺宽二尺五寸，长一丈，上筑矮墙，墙高二尺，刷上泥。还有'棚'和'育'，必须与焙配套。"他吩咐负责准备做茶工具的常州府吏，盛茶的篮子、笼子要多少，蒸茶用的灶和甑子要多少，捣茶用的杵臼要多少，做茶饼时用的规、承、衣要多少，晾茶用的大籤箩要多少，穿茶用的竹篾或是构皮绳索要多少，还有制茶工匠和役工的人数，采茶的人数。陆羽还特别叮嘱，地之所出按斤两论值，不可苛民。

每位茶人都有一个茶坊梦，陆羽也不例外。一道工序完成，须得乾坤挪动，才能腾出下一个工序的空间。其实陆羽笔下的茶具，或许他一开始也并非详知，但为了写《茶经》，也为了将焙茶艺术拿捏精准，他着实费了一番功夫。

陆羽的制茶技术也许不如他的煮茶技术高超。比如，他在《茶经》中没有说明烘焙的时间要多长，烘焙的温度如何掌握，用的是什么燃料。这就使后人无法详细了解唐代饼茶的烘焙工艺。但古人对烘焙有自己的一套美学主张，依据这些技术，一般的制茶工人就可以进行操作了。

宋代的黄儒和赵汝砺，均对此进行了详细的解说。如黄儒在《品茶要录》中说："试时味作桃仁气者，不熟之病也。唯正熟者，味甘香。""试时色黄而粟纹大者，过熟之病也。"赵汝砺在《北苑别录》的《蒸茶》一节中说："蒸芽再四洗涤，取令洁净，然后入甑，俟汤沸蒸之。然蒸有过熟之患，有不熟之患。过熟则色黄而味淡，不熟则色青而易沉，而有草木之气。故唯以得中为当。"

从两人的描述可知，实际上，要想掌握蒸茶技术，有三种情况可以分辨：

　　不熟：色青，易沉，味有"桃仁之气""草木之气"。
　　适度：味甘香。
　　过熟：色黄，粟纹大，味淡。

也就是说，蒸茶的时候，既不能不熟，也不能过熟，要掌握一个度。不熟，则茶色青，泡饮时易沉，茶香味会有草木之气或桃仁之气；过熟，则茶色黄而茶味淡。如果芽叶蒸烂了，茶叶便不易

宋 刘松年 《撵茶图》(局部)

胶粘。只有蒸至适度的茶叶，才会茶味甘香、醇厚。如果要在过熟与不熟两者间做比较，则前者胜于后者，毕竟它的甘香茶味比较易于人们接受。如同好的茶诗需要经过积累、构思、推敲、揣摩，方有笔端的行云流水一样，茶则需用柔曼的指法，文雅娴熟地，经过植、摘、焙、烹，历经诸多程序，才能舒畅地在杯中馥郁甘香。

从古代烘焙中去体味现代风流，从现代茶饮中去品味古典烘焙，这仿佛是品茶人的使命，可发思古之幽情了……

【原文】

穿_{音钏}，江东、淮南剖竹为之。巴川峡山，纫榖皮为之。江东以一斤为上穿，半斤为中穿，四两五两为小穿。峡中以一百二十斤为上穿，八十斤为中穿，五十斤为小穿。字旧作钗钏之"钏"字，或作贯串。今则不然，如"磨、扇、弹、钻、缝"五字，文以平声书之，义以去声呼之，其字，以"穿"名之。

育，以木制之，以竹编之，以纸糊之。中有隔，上有覆，下有床，傍有门，掩一扇。中置一器，贮煻煨火，令煴煴然。江南梅雨时，焚之以火。_{育者，以其藏养为名。}

【译文】

穿，在江东、淮南一带是劈开竹篾制成，巴川峡山一带则是搓捻榖树皮制成。江东一带把一斤重的称作上穿，半斤重的称作中穿，四两、五两（十六两制）左右的称作小穿。峡中一带则把一百二十斤重的称作上穿，八十斤重的称作中穿，五十斤重的称作小穿。"穿"字，原来写作"钗钏"的"钏"字，也有写作"贯串"的"串"字。现在则不同，就像"磨""扇""弹""钻""缝"五个字，书写其字形时，读去声的与读平声的一样，但具体到某种特定的意义时，便用去声来读，于是，"钏"或"串"便又用"穿"来命名。

育，先用木制成框架，再用竹篾编织起来，然后用纸糊。中间隔开，上面有盖，下面有托盘，旁边开有一扇门，并且关上一扇。在中间放置一器皿，里面盛着带火的热灰，让火势保持微弱。江南梅雨季节，气候潮湿，则要生起明火，用来除湿。之所以叫"育"，是因为它有收藏、保存饼茶的功能。

【点评】

"穿"和"育"

下面到了干脆利落的记数和封藏阶段，一是穿，一是育。

制好的饼茶一个个是散的，怎么方便运输呢？聪明的制茶人想出了一个好办法：把饼茶穿在铜丝上，一根铜丝上一般穿五到七个饼茶，然后两端打结。这样饼茶既不会掉，也方便运输了。这里有一样重要的工具——"穿"。制作穿的材质大江南北各有所取，在江东、淮南一带，穿是用劈开的竹篾制成的，而到了巴川峡山一带，穿则是用搓捻的榖树皮制成。陆羽是个广闻博学之人，提起一

清　金廷标《品泉图》

个"穿",也说得头头是道——因为各地的习俗不同,对"穿"的重量计法也大相径庭,如在江东一带,把一斤重的穿称作上穿,半斤重的称作中穿,四两、五两左右的称作小穿。而在峡中一带,则把一百二十斤重的穿称作上穿,八十斤重的称作中穿,五十斤重的称作小穿。

江南梅雨季节,气候比较潮湿,为了保证茶叶的质量,在运输前还必须把饼茶密封起来。封藏茶叶所用的工具,为育。之所以叫"育",是因为它有收藏、保存饼茶的功能。具体做法是,先用木制成一个框架,再用竹篾编织起来,然后用纸糊上。中间隔开,上面有盖,下面有托架,旁边有门,并且关上一扇。在"育"中放置一个容器,里面贮盛带火的热灰,让火势保持"煴煴然"的微弱样子。如果遇上梅雨天气,"煴煴然"的火势就不够了,则需要生起明火,用来使饼茶保持干燥。

"皮陆"的吟唱

冰是睡着的水,茶是醒来的叶。尽管制茶是一种枯燥的制作工艺,但从中却可以解读出极为丰富的人文内涵。

这些制茶工具造型简洁而实用,突出了制茶人性格中朴实、讲求实效的一面。他们白天采茶,晚间制茶,在"茶忙"时节,需忙到深更半夜,繁重劳累可想而知,但是带给人们的却是诗意的想象,是七碗通灵之后,"习习清风两腋生"的快感。

　　茶人尽管有技术，但文化修养肯定要低一些，所以写茶诗的任务就交给了文人。

　　值得一说的是，唐代诗人皮日休和陆龟蒙，两人是知己，都有爱茶的雅好，经常作文和诗，因此人称"皮陆"。他们曾经写过《茶中杂咏》的唱和诗，内容极为丰富，有茶坞、茶人、茶笋、茶籝、茶舍、茶灶、茶焙、茶鼎、茶瓯和煮茶等，让人在博大精深的茶文化之中，记住了他俩的茶意风情。

　　寻常了解很容易，难在欣赏与呼应。陆龟蒙和皮日休完全一致的兴趣爱好，使两人创作的兴味源源不绝，纷纷吟下相应的诗句。茶诗可以说极不好写，毕竟制茶的工具实在没多少风姿可言，平庸的诗笔也难入读者之眼。可"皮陆"二人却有才气，吟下了不少有趣的诗篇，让制茶的工具更为诗意化。陆羽写一句，他俩就和上一句。诗句写得那么有兴味，很有些文人畅神寄兴的意趣。

　　如茶籝，陆羽只如实写："籝……茶人负以采茶也。"其实，用这种通风透气的竹篮采茶，可以避免鲜叶的叶温升高，发热变质；竹篮子又细巧，又可手提，还可背负着系在腰间，便于采摘。看上去，唐代妇女背着轻盈的竹篮采茶，应该是颇具诗意的。于是，稍后于陆羽的皮日休，在《茶人》里就有"腰间佩轻篓"的诗句。而陆龟蒙则在《茶》中吟道："秀色自难逢，倾筐不曾满。"

　　又如茶灶。陆羽时代的灶尚是简陋，而且为了保证火力，还要"无突"，即没有烟囱，看上去并不美。但陆龟蒙用一句"无突抱轻岚，有烟映初旭"将之诗意化了；皮日休也和有"南山茶事动，灶

明 文徵明《品茶图》

起岩根旁，水煮石发气，薪燃松脂香"等句，勾画出一道别致的茶灶风景线。

有趣的是，中国茶史上茶风的转折、变化，也常常是由文人来完成的。而陆羽及皮、陆等文人的唱和，无形之中也会激发制茶人的创作灵感，为茶具的创新风格助力推进。

因为制茶工具牵涉一系列的技术问题，所以陆羽写得正儿八经，像学术小文，但好在他有两位小诗友为他做见证，时时刻刻为他的专文吟诗喝彩。如陆羽用纪实之笔写："焙，凿地深二尺，阔二尺五寸，长一丈。上作短墙，泥之。"皮日休则为此吟道："凿彼碧岩下，恰应深二尺。泥易带云根，烧难碍石脉。"（《茶焙》）用一支绿意葱茏的诗笔，把茶的方方面面记录下来，仿佛制茶是一种惬意的享受。

就这样，一唱一和，"皮陆"二人把中国的茶具文化，表现得妙趣横生，更把那种品茗的意趣刻画得入木三分。可以说，如果少了"皮陆"二人，唐代的制茶诗应该会寡淡不少。可见，即便只是平常器物，经由陆羽以及唐代诗人的悉心描述，也能让人感受到一份不俗的美感。这种依靠古诗而复原起来的制茶生活场景，更能给人以想象的空间，让人细思体味。

可以说，每一件制茶的器具都保存有丰富的信息，而器具和器具之间也不是孤立的，它们消磨岁月，却也反过来展现岁月的砥砺，最终汇合成生生不息的茶文化长河。

茶经

三之造

终朝采绿

【原文】

　　凡采茶，在二月、三月、四月之间。茶之笋者，生烂石沃土，长四五寸，若薇蕨始抽，凌露采焉。茶之牙者，发于藂薄之上，有三枝、四枝、五枝者，选其中枝颖拔者采焉。其日，有雨不采，晴有云不采。

【译文】

　　采茶一般在（唐历）二月、三月、四月之间。茶芽还没有萌发，生长在有烂石的土壤中，长达四五寸，就像薇蕨刚刚开始抽芽，要乘着晨露未干的时候采摘。茶芽已经萌发的，在丛生的草木中生长，有三枝、四枝、五枝的新梢，采摘时，要选择那些长在中央且茶芽挺拔的。当天下雨，不要采茶；虽然是晴天，但如果有云也不要采茶。

【点评】

茶的花花朵朵

采茶是春天之事。而写采茶的季节，却该是夏季了吧。到了夏日，再回望春茶的采摘，就容易多了。

关于采茶的时间，就有好多讲究，陆羽的描述是简约的：

凡采茶，在二月、三月、四月之间。……

春天里，富有诗意的一景出现了。经过一个冬天的积蓄，茶的内含物质极其丰富。陆羽细致地指出，采茶须在春天里，在二月、三月、四月之间采摘最佳。这显然也是唐代采茶人的典型做派。但陆羽呢，不仅是个茶人，还是个文人，必定时常浸润在古代文学典籍中，以至笔下有淡雅的文气，值得一再玩味。

当茶香飘起来的时候，采茶序曲也不知不觉地开始了。春天的气温一升高，就有点儿小艳阳的味道。茶叶飘香时，便是采茶人忙碌的时刻，远远看去，是十分传神的风俗画。说起来，这真是一份细活，一颗颗茶籽十分细巧，比米粒大不了多少，采摘自然不会轻松，还要将细如发丝的花茎摘除，茶人们日常的劳作，必须又细致，又有耐心。

"若薇蕨始抽，凌露采焉"，想象着那如蕨科植物的茶之嫩芽，开始抽芽时卷曲如拳，采茶女在晨露还未干时，将它们一一采下，放入筐中，是多么美好的一景。这二句是白描素笔，朴实的文字描写着简单的采茶生活，用得真好，把采茶时节那种层次丰富、连绵不绝全然道出，也让人感受采茶时特有的气息，清新，空灵，静幽。

中国幅员辽阔，茶树如风景画一般装饰着各产茶地之间自然状况的差异，采茶期因气候差异而有迟，有早。

春天，雨水一向珍贵，要是在清明前下雨，茶树萌发的新芽就颇为珍贵，因而春茶最佳，须在清明谷雨前后采摘。

另外，晴天采茶比阴天采茶更佳，阴天采的茶比雨天采的茶优良。唐代的饼茶须蒸青杀青，对鲜叶附着水分的控制有要求，因而采摘的时间最好是在晴朗无云的早晨，还要带着露水。

原来，区区一个采茶就有如此多的讲究——知晓了这一点，再品那些毛峰、毛尖、龙井、碧螺春、银针、白毛猴等芽叶细嫩的名茶，就得轻轻啜茗，仔细品味了。

不仅如此，陆羽还对这种春绿之美的茶叶提出了采摘标准：

> 茶之笋者，生烂石沃土，长四五寸，若薇蕨始抽，凌露采焉。茶之牙者，发于藂薄之上，有三枝、四枝、五枝者，选其中枝颖拔者采焉。

意思是：生长于肥沃土壤的茶树，其粗壮新梢长到四五寸时，就可以采摘；而生长在草木丛中的茶树，其细弱嫩梢有萌发三枝、四枝、五枝的，可选择其中长得挺秀的采摘，看新梢的长势有选择地进行采摘。

但这也不是绝对的。采的茶不必太细，细则开始的茶味欠足，而在谷雨前后，茶梗上带叶，茶叶微绿，成团且厚实，这种成熟的茶叶，尽管有些苦涩，但所含的成分并不比幼嫩的一芽二叶低，茶之香气，也大多保留在成熟的茶叶梗茎内。

确实，春茶有芽茶、毛尖、明前以及雨前之分，以芽茶最为细嫩，采摘起来，自然须区别对待。由此可见，凡事不可太较真，考虑问题的角度不受局限，自然可以新论迭出，给人以启发。

回过头来，再看陆羽写采茶的细节，鲜活、生动、亲切，值得采茶人琢磨回味。

在地方县志的相关记载中，也时常重复引用、化用陆羽的原文，如此让人"温故而知新"，可见对陆羽确立的采茶标准的重视。

比如，关于江西九龙茶的采摘。据《安运县志》记述："日有雨不采，晴有云不采，晴采之，蒸之搓之，拍之焙之，穿封之。"可见，其鲜叶的采摘，细致讲究；制茶的工艺，精巧有序。

又如，武夷岩茶的采摘，一年只有春天一季可以采摘，有"三天是茶，三天是草"的说法，不仅对季节有要求，而且对采摘的时间也有讲究，可以说近乎苛刻，比如有"清晨不采，露水不采，雨水不采，当午不采，傍晚不采"等规矩。规矩繁多，也因此造就了武夷岩茶的独特茶味——甘馨可口，回味无穷。

再如，对于德清莫干的黄芽，这种芽叶纤秀，细似莲心的茶，对采摘季节的要求也相当严格，听起来像一首小诗。清明前后采摘的称"芽茶"，夏初所采的称"梅尖"，七八月所采的称"秋白"，十月所采的称"小春"。让人兴起快趁时光掐细芽的感觉。

可见，对茶的鲜叶采摘，各个地方均细致讲究，也与《茶经》中的记载不相上下。这正是看天做茶，看青做茶，丝毫马虎不得，甚至可以说牵一发而动全身。

春天采茶一事，是一桩美景，古今文人用诗笔也记载了不少趣景：

宋代文学家欧阳修在《夷陵书事寄谢三舍人》中，写下了"雪消深林自剐笋，人响空山随摘茶"。以白雪映照绿茶，自给人一番视觉上的美感。

明代诗人杨慎，于巫山县作《竹枝词》："最高峰顶有人家，冬种蔓菁春采茶。"采茶成为峰顶人家的美好寄托，宛然可见。

南宋诗人范成大，写过"白头老妪簪红花，黑头女娘三髻丫。背上儿眠上山去，采桑已闲当采茶"，描写白头老妪与少妇打扮一新，背着孩子上山采茶的情景。

读了这些采茶诗，即使采下的茶不是早春茶，但其韵味仍极为诱人。

采茶人清和，茶诗清丽，这些富有内蕴的意象叠加在一起，形成一个意境丰满的画面。

【原文】

晴，采之，蒸之、捣之、拍之、焙之、穿之、封之，茶之干矣。

【译文】

只有晴天时才能采摘，采下来的茶芽，要经过蒸透、捣烂、拍压、烘烤、穿串、封藏等数道工序，这样饼茶就可以完全保持干燥了。

【点评】

诗意的蒸青

现代的饼茶，即紧压茶，已与古时的制法不同。今人对古代饼茶的崇拜，已如明日黄花，只剩下些念想。

在唐代，饼茶为不发酵茶，流行用"蒸青"方法制作。蒸青饼茶主要有圆形与方形，整个造型构图给人一种日常的惬意和兴味。

蒸青绿茶的故乡是中国，它是中国古代最早发明的一种茶类，比炒青的历史更悠久。

饼茶的制造，几乎主导了中国一千年的制茶形制。据张揖《广雅》记载，从三国时开始——"荆巴间采叶作饼"，一直到了明代，朱元璋下旨废止进贡团茶，散叶茶才逐渐取代团饼茶。

陆羽在《茶经》里详细地记载了蒸青茶的制法，生动细微，有条有序。据陆羽所记，唐时盛行的这种"蒸青法"，就是下雨的时候不采茶，即使是晴天，但有云，也不能采茶，而要在完完全全的晴天时采茶。先将采下的鲜茶叶在甑釜中以蒸气蒸软蒸透，即"杀青"，再用杵臼趁热捣烂，而后在规中拍制成圆形、方形或花形的团饼，晾干后再烘焙成半干，再穿起串来，烘得足够干，然后封藏。在黄梅天时，茶还须贮藏在"育"中，以防受潮。经过这一道道工序，饼茶就完全干燥了。

唐人贪恋茶叶的这份香气与滋味，就采用"蒸青"这一手法，即以热气煮蒸方式，将鲜茶所含各种香与味的成分保留下来，以供享受。

蒸青方法有讲究，最重要的是温度要高，时间要短，这样才能迅速提高蒸气的温度，抑制酶性氧化，因此，要尽可能把蒸具密闭起来。陆羽正是按照这一设想设计蒸茶工具，使之渐趋佳境。

这样制成的茶叶富于"三绿"特征——色泽深绿，茶汤浅绿，茶底青绿，十分悦目，有一种曲折的情致。饼茶相对于散茶而言，香气不易发散，方便贮藏和运输，是唐宋茶叶的普遍制作方法。

需要强调的是，尽管对茶的认知在唐代以前就已经很丰富了，但在《茶经》一书中，所有关于茶的知识都会被重新演绎，那些层层叠叠的绿，均打上了陆羽自己的烙印。

到了宋代，宋人仍延续唐代的蒸青团饼茶。从宋代建阳人熊蕃的《宣和北苑贡茶录》中的图谱可知，饼茶在当时各呈英姿，各呈其味，将蒸青团饼茶的生产制作工艺发挥到了极致。其中，在选用茶芽的严格与制作工艺的精细程度等方面，都是前代贡茶及各地民间茶焙所难以达到的，并且名目、种类繁多，极尽奢华之能事。这真是一份别致的记录。正是这些图谱无形之中组成了一幅北苑贡茶"群英图"，让人们得以见识"龙团凤饼"的尊贵绝伦，欣赏"玉清

龙凤团茶

庆云"的秀美、"无疆寿龙"的端方、"瑞云翔龙"的清贵、"玉叶
长春"的精雅、"宜年宝玉"的质朴……

值得一提的是花样繁多的龙凤团茶，这是宋代贡茶的主体，规
模最大也最著名的是在建安设立的北苑贡焙。

据欧阳修记载：宋代龙凤团茶"……凡八饼重一斤。庆历中，
蔡君谟为福建路转运使，始造小片龙茶以进，其品绝精，谓之小
团，凡二十饼重一斤，其价直金二两"（《归田录》卷二）。即是说，
蔡襄在担任福建转运使时，在前人进贡的大龙团茶的基础上，挑选
更为精华的茶叶，进一步制作出了小团龙茶。

宋代王辟之的《渑水燕谈录》卷二中认为，这种二十饼重一斤
的小团，即是所谓的上品龙茶。

北宋时期，在蔡襄主持下的贡茶生产，是蒸青团饼茶制作工艺
上的高峰时期。

陆羽的《茶经》将饼茶的制造工艺提高到一个崭新的高度，使

唐代的茶饮形成质朴雅致的风格，普及且融入百姓的日常生活，并推动宋代造茶、饮茶风格走向极致，显得明朗而又开阔。

"蒸青"在当时是制茶的终极艺术，但也正因如此，其发展到北宋已很难再出现令人耳目一新的感觉。又加上蒸青绿茶由于香气较闷，带青气，涩味也较重，不及锅炒杀青绿茶那样鲜爽。

后来，由于"炒青"技术的广泛使用，蒸青绿茶的特殊地位才渐渐淡化，蒸青法渐渐萎凋，让人不得不对古典制茶法做庄重的告别。

据考证，南宋咸淳年间，日本高僧大广心禅师到浙江余杭径山寺研究佛学，被寺里的"茶宴"和"抹茶"制法吸引住了，他深入其中慢慢品味，可谓兴味无穷，忍不住将其带回了日本。日本的蒸青绿茶由此发轫，将蒸青美学提升到一个空前的高度。

日本的蒸青茶，除了抹茶外，还有玉露、煎茶、碾茶、番茶……可以看到，唐代的蒸青被赋予了轻盈的诗意感觉。一道道蒸青绿茶，成为日本人协调茶与生活的一种较好的方式，也构成了耐人寻味的唐代蒸青的写实标本。

蒸青绿茶的衰落，是否意味着一种饮茶方式的改变？但是"蒸青"一词富有雅意，给人以诗意的遐想。

虽然不易饮到那蒸青绿茶，但从陆羽的书中，却可以品到一丝云蒸霞蔚，一丝诗意茶心。

中国当代的蒸青绿茶主要产于湖北、江苏，如湖北恩施的恩施玉露、当阳的仙人掌茶、江苏宜兴的阳羡茶，仍保持着蒸青绿茶的传统风格。

有些蒸青绿茶则是按照日本工艺加工，然后返销日本，基本上没有进入国人的赏味视野，未免遗憾。

不过，人们对于诗意的蒸青法仍抱有希望，它让制茶中出现的那些惊鸿一瞥而意趣盎然的技术瞬间显得尤为珍贵，让人念念不忘。

【原文】

茶有千万状，卤莽而言，如胡人靴者，蹙缩然；_{京虽文也。}犎牛臆者，廉襜然；浮云出山者，轮囷然；轻飙拂水者，涵澹然。有如陶家之子罗膏土，以水澄泚之。_{谓澄泥也。}又如新治地者，遇暴雨流潦之所经。此皆茶之精腴。有如竹箨者，枝干坚实，艰于蒸捣，故其形籭簁然_{上离下师}。有如霜荷者，至叶凋沮，易其状貌，故厥状委萃然。此皆茶之瘠老者也。

【译文】

饼茶的形状千姿百态，粗略地说，有的像胡人穿的长筒皮靴，表面有许多细小褶纹；有的像野牛的胸脯，表面有起伏不平的褶纹；有的像浮云出山一般，表面有卷曲的褶纹；有的像轻风拂过水面一般荡起涟漪，表面呈微微水波形；有的像陶匠筛出的细土用水沉淀出的泥膏般，表面光滑细腻；有的像新开垦的土地，被暴雨急流冲刷般平滑。这些都是精美上等的饼茶具有的特征。有的茶像竹笋壳，枝干坚实，又像有孔的筛子，含老梗，很难蒸透捣烂；有的茶像经霜凋萎的荷叶，干枯瘦薄，凋败变形，饼茶的形状干枯萎缩。这些都是贫瘠粗老的劣品饼茶具有的特征。

【点评】

从胡靴到霜荷

据上海茶文化专家卢祺义说，春茶应该夏喝——春茶历经大雪、冬至、小寒、大寒、立春、雨水、惊蛰、春分、清明等节气的彻骨之寒，才得有清香的新梢嫩芽可供采摘，用这种柔嫩茶芽制造的春茶，自然蕴含着一股令品饮者闻之振奋的朝气。

可见品茶极为讲究，仅是茶之形态，就有许多讲究。

茶，是陆羽的斋中清友，他品茶有个品"嘉"与"不嘉"的标准，大致是从光泽、皱纹、颜色、平正几个方面来品定。在《三之造》中，他用生动形象的比喻，表述了八种饼茶外形的质感和色泽。饼的形状多种多样，粗略说来，从优到劣，分别是：

> 茶有千万状，卤莽而言，如胡人靴者，蹙缩然；……有如霜荷者，至叶凋沮，易其状貌，故厥状委萃然。

在陆羽眼中，好茶（茶之精腴者）有六等，劣茶（茶之瘠老者）有二等。

好茶的外形是：有的像胡人穿的长筒皮靴，表面有许多细小褶纹；有的像野牛的胸脯，表面有起伏不平的褶纹；有的像浮云出山一般，表面有卷曲的褶纹；有的像轻风拂过水面一般荡起涟漪，表面呈微微水波形；有的像陶匠筛出的细土用水沉淀出的泥膏般，表面光滑细腻；有的像新开垦的土地，被暴雨急流冲刷般平滑。

以上六种，是陆羽极尽其能，多方比喻，向爱茶人推荐的茶之精品才具有的特征。

劣茶的外形是：有的茶像竹笋壳，枝干坚实，又像有孔的筛子，含老梗，很难蒸透捣烂；有的茶像经霜凋萎的荷叶，干枯瘦薄，凋败变形，饼茶的形状干枯萎缩。

评论有轻有重，难免得失不匀。但陆羽毕竟是位才子，能用轻灵的方式表达沉郁的东西，聪慧又不失缜密。正是如此鲜亮雅洁的想法，以及罗列的这些细节，温暖着人们的日常生活，也将会在茶史上万古常新。

【原文】

自采至于封，七经目。自胡靴至于霜荷，八等。或以光黑平正言嘉者，斯鉴之下也。以皱黄坳垤言佳者，鉴之次也。若皆言嘉及皆言不嘉者，鉴之上也。何者？出膏者光，含膏者皱；宿制者则黑，日成者则黄；蒸压则平正，纵之则坳垤。此茶与草木叶一也。茶之否臧，存于口诀。

从采摘到封藏，经过七道工序；从像胡人的长靴一样皱缩的饼茶到像霜打过的荷叶一样衰枯的饼茶，茶之优劣可分为八个等级。（对于成茶）有人把光亮、乌黑、平整的饼茶阴差阳错地评为好茶，这种评茶技术是最差的。有人把色黄、有皱纹、凹凸不平的饼茶，理所当然地评为好的饼茶，这种评茶技术是较次的。如果能全面、综合地指出上述两种情况的优点和缺点，并加以评定，这种评茶技术是最好的。为何这样说呢？因为压出茶汁的饼茶表面显得光亮，富含茶汁的饼茶表面则显得皱缩；隔夜制成的饼茶颜色发黑，当天制成的则颜色发黄；蒸后压得紧实的饼茶就平整，蒸后压得不紧实的就凹凸不平。这是茶叶和草木叶子共同的特点。鉴别茶品质的高低，另有一套口诀。

【点评】

鉴茶的品第

影响饼茶外形的原因有很多，作为茶人，陆羽自然有着纤细的敏锐度。他认为，从采摘到封藏，经过七道工序；从像胡人的长靴一样皱缩的饼茶到像霜打过的荷叶一样干枯的饼茶，茶之优劣共有八等。茶的性状千变万化，不一而足，不能抓住一点就评定其优劣，这其中体现出评茶技术的高低。所以，他又把评茶技术分成三等：

　　或以光黑平正言嘉者，斯鉴之下也。以皱黄坳垤言佳者，
鉴之次也。若皆言嘉及皆言不嘉者，鉴之上也。

　　也就是说，把"光黑平正"的饼茶阴差阳错地评为好茶，这种
评茶技术是最差的。

　　把色黄、有皱纹、凹凸不平的饼茶，理所当然地评为好的饼
茶，这种评茶技术是较次的。

　　能全面、综合地指出上述两种情况的优点和缺点，并加以评
定，这种评茶技术是最好的。

　　如此一张一弛，真是一种完美的阐述方式。不仅如此，陆羽还
侃侃分析，指明之所以这样认定的原因，极力将茶引领上艺术唯美
的风雅之路：

　　　出膏者光，含膏者皱；宿制者则黑，日成者则黄；蒸压则
平正，纵之则坳垤。此茶与草木叶一也。

　　压出茶汁的饼茶表面显得光洁，富含茶汁的则表面皱缩；隔夜
制作的饼茶颜色会发黑，当天制作的则颜色发黄；蒸压得紧实则饼
茶表面平整，蒸压得不紧实就会凹凸不平。在这个层面上，茶叶与
草木叶子是一样的。

　　如此一说，倒添了几分风雅和古意。

　　光，是出膏的表现。外形褶皱，看起来不好，但茶汁流失少，

茶味浓，这是好的。

黑色，是隔夜制作的表现；黄色，是当日制作的表现。当日制作比隔夜制作好，黄色比黑色好；但黑色的汁多，黄色的汁少，黄色比黑色差。

饼面平正是蒸压紧实的表现；饼面凹凸是蒸压疏松的表现。饼面平正比凹凸好看，但蒸压得实，茶汁流失多，凹凸不平的反比平正的好。

陆羽要求评茶要外形与内质兼顾，不要只看一两点就轻下评语。

外形褶皱，滋味浓；反之，茶汁流失多，茶汤变淡。

总结来说，饼茶的品质要求是：以嫩为好，以老为差；以叶汁流失少为好，流失多为差；以蒸压适度为好，蒸压过度为差。

陆羽的行文，让人感觉一种别样的清新。只是，这种技术略带卖弄技艺的品评，现实生活中却用得不多。平日里，众人评茶，多用口语，就算是日常三五文人雅集时，也并不如专家那么较真儿，用词简约多了：厚，顺，重，有骨头，有喉香；反之，则薄，轻，飘，涩，没东西。闻闻香，看看叶色，品一泡茶的优次高低。

一杯香茗，这样简洁的话语，便把人喜悦的心情表达出来了，含而不露。

四之器

绝妙好器

【原文】

风炉_{灰承}　筥　炭挝　镀　交床　夹　纸囊　碾_{拂末}　罗合　则　水方　漉水囊　瓢　竹筴　鹾簋_揭　熟盂　碗　畚　札　涤方　巾　具列　都篮

【译文】

（略）

【点评】

风雅过眼

对于茶事，陆羽一直不是单纯闲逸的旁观者，他对传统茶艺的兴趣也并不止于一种把玩的态度，而是以一种穷究其源的心理，将茶艺带到一个新的天地，带到一个充满勃勃生机的创造力领域。

就拿茶具来说，即是如此。

"汲云煮雀舌，仙味涤烦襟。"大唐茶风炽盛，皇上在皇宫里和妃嫔们品茶，平民百姓也不能免俗，也好此一口，茶余饭后，就喜欢摆弄自制茶具。

"工欲善其事，必先利其器。"茶艺是一种物质活动，更是精神艺术活动，器具要讲究，不仅要好使好用，而且要有条有理，有美感。所以，早在《茶经》中，陆羽便精心设计了适于烹茶、品饮的二十四器。

在《四之器》一节，他叙述煮茶、饮茶的器皿，也提出煮茶、饮茶的方法及原则。

陆羽捕捉器物的细节，恰如其分。这一节所罗列的茶器非常丰富，有：

　　风炉　筥　炭挝　镀　交床　夹　纸囊　碾　罗合　则　水方　漉水囊　瓢　竹筴　鹾簋　熟盂　碗　畚　札　涤方　巾具列　都篮

饮茶的器物罗列得密集繁冗，却有条有理。从中可知，中国士大夫的雅趣，是极易用茶器琐细等串联起来的。

细细梳理，以上器具实分为：

生火用具四种：风炉、筥、炭挝、火筴。

煮茶用具三种：镀、交床、竹筴。

烤茶、碾茶、量茶用具五种：夹、纸囊、碾、罗合、则。

盛水、滤水、取水、分茶用具四种：水方、漉水囊、瓢、熟盂。

盛盐、取盐用具一种：鹾簋。

饮茶用具一种：碗。

清洁用具三种：札、涤方、巾。

盛贮和陈列用具三种：畚、具列、都篮。

【原文】

风炉灰承

风炉，以铜铁铸之，如古鼎形。厚三分，缘阔九分，令六分虚中，致其圬墁。凡三足，古文书二十一字。一足云："坎上巽下离于中。"一足云："体均五行去百疾。"一足云："圣唐灭胡明年铸。"其三足之间，设三窗，底一窗以为通飙漏烬之所。上并古文书六字：一窗之上书"伊公"二字，一窗之上书"羹陆"二字，一窗之上书"氏茶"二字，所谓"伊公羹、陆氏茶"也。置墆㙷于其内，设三格：其一格有翟焉，翟者，火禽也，画一卦曰离；其一格有彪焉，彪者，风兽也，画一卦曰巽；其一格有鱼焉，鱼者，水虫也，画一卦曰坎。巽主风，离主火，坎主水，风能兴火，火能熟水，故备其三卦焉。其饰以连葩、垂蔓、曲水、方文之类。其炉，或锻铁为之，或运泥为之。其灰承，作三足铁柈台之。

【译文】

风炉 灰承

风炉，用铜或铁铸成，像古鼎的形状。壁厚三分，炉口边缘宽九分，炉多出的六分向内，其下虚空，抹以泥土。炉的下方有三只脚，每只脚上都铸有古文字，共有二十一个字。一只脚上铸"坎上巽下离于中"，一只脚上铸"体均五行去百疾"，一只脚上铸"圣唐灭胡明年铸"。在三只脚的中间，开有三个窗口，炉底下的一个口用作通风、漏灰。三个窗口上，书有六个古文字：一个窗口上写"伊公"二字，一个窗口上写"羹陆"二字，一个窗口上写"氏茶"二字，连起来的意思是"伊公羹，陆氏茶"。炉上设置用来支撑锅的架子，其间分三格：一个格上画着野鸡的图形，因为野鸡象征着火禽，就再画一"离卦"；一个格上画着彪的图形，因为彪象征着风兽，就再画一"巽卦"；一个格上画着鱼的图形，因为鱼象征着水虫，就再画一"坎卦"。"巽"表示风，"离"表示火，"坎"表示水，风能使火烧旺，火能把水煮开，所以要铸这三个卦。炉身的装饰，是用连缀缠绕的花朵、下垂的藤蔓、曲折的流水、几何花纹等图案。风炉有的用熟铁打制，也有的用泥巴制成。灰承（接受灰炉的器具），是一个有三只脚的铁盘，用来托住炉子。

【点评】

器之一

如此种类繁多的茶具都是有生命的，也是茶人一代一代传承之物。"陆羽曾题品，清风直到今。"陆羽留心于民间茶具和茶器的制作，这些记录仿佛是他给普通茶人写的边角文字，于不动声色之间，将所记录茶具的妙处表露无遗，这样反而能够恢复其本真的面目。

这些茶具都制作得小巧精致，如风炉和茶釜都只有七八寸高、五寸左右宽，很是新颖别致，易于把玩。

其中，夹、水方、漉水囊、瓢、竹策、熟盂、碗、巾、都篮等器具都好理解，有些则需要详加解释，才显独到韵味。

比如说风炉，就值得细细推究一番。平常日间用于普通喝茶煮水的器具，在陆羽看来，却可以作为一种艺术去研究。它虽说只是煮茶用的炉，却体现了"五行合一"的思想。作为烹煮茗茶所用的风炉，形状像古代三足两耳的鼎，置于案头，小巧玲珑。风炉有三足，上面分别刻有字；三足之间又有三窗，窗上也分别刻有字。

需要说明的是，风炉上的这种开孔，在上面的可以称为"窗"，在下面的通常称为"门"或"口"，如灶门、炉门，或灶口、炉口。所以这个窗的名字也不是随意取的，而是根据其造型的形象命名。陆羽所说的"底一窗以为通飙漏烬之所"，即是指底窗应该在炉底部，而不是在侧面。底窗就天然地具备炉算的作用，而且是固定不可拆卸的。风从底上，灰烬从底窗直接漏在灰承之中。

在古画《萧翼赚兰亭图》《碾茶图》之中，都生动形象地绘有风炉。

在煮茶调弄之中，风助火，火煮水，水煮茶，茶的精华就此被提炼出来。其中，风炉的水、风、火用卦画鱼、彪、翟加以图像化，并在炉上画上唐代的连葩、垂蔓、曲水、方文等装饰纹样，看上去赏心悦目，景致绝妙。

这种外金内陶质地的风炉，在整个煮茶过程中，水、火、风都

风炉

处于运动变化之中，中国文化中造化世界的基本元素——水、木、金、火、土五行悉心齐备，使其能够"疏瀹五藏，澡雪精神"（《文心雕龙》）。在《红楼梦》中，就曾用风炉来表达烹茶艺术的讲究："妙玉自风炉上扇滚了水，另泡一壶茶。"

作为风炉的绝佳伴侣——灰承，因其本身具有一定的独立性，所以陆羽在提风炉时，一定要对灰承也带上一笔，后面的茶器也有类似的情况，如碾与拂末、罗簋与楬。

【原文】

筥

筥，以竹织之，高一尺二寸，径阔七寸。或用藤。作木楦如筥形，织之。六出固眼。其底盖若利箧口，铄之。

炭樜

炭樜，以铁六棱制之，长一尺，锐一，丰中，执细。头系一小𨭎，以饰樜也，若今之河陇军人木吾也。或作锤，或作斧，随其便也。

火筴

火筴，一名箸，若常用者。圆直一尺三寸。顶平截，无葱台勾锁之属。以铁或熟铜制之。

镇音辅，或作釜，或作鬴

镇，以生铁为之。今人有业冶者，所谓急铁，其铁以耕刀之趄炼而铸之。内摸土而外摸沙。土滑于内，易其摩涤；沙涩于外，吸其炎焰。方其耳，以正令也。广其缘，以务远也。长其脐，以守中也。脐长，则沸中；沸中，则末易扬；末易扬，则其味淳也。洪州以瓷为之，莱州以石为之。瓷与石皆雅器也，性非坚实，难可持久。用银为之，至洁，但涉于侈丽。雅则雅矣，洁亦洁矣，若用之恒，而卒归于银也。

交床

交床，以十字交之，剜中令虚，以支镇也。

夹

夹，以小青竹为之，长一尺二寸。令一寸有节，节已上剖之，以炙茶也。彼竹之筱，津润于火，假其香洁以益茶味，恐非林谷间莫之致。或用精铁、熟铜之类，取其久也。

【译文】

筥

筥，用竹条编制，高一尺二寸，直径七寸。也有的是用藤编制

的。先做个像筥形的木架，再用竹条或藤条在外面编织，编织出的坚
固洞眼是六角形的。筥底和筥盖像箱子的口，削制得又平整又光滑。

炭树

炭树，用六棱形的铁棒做成，长一尺，头部尖锐，中间粗，握
把处细。握的那头套一个小环作为炭树的装饰，就像现在河陇一带的军
士拿的"木吾"。有的铁棒做成了锤形，有的做成了斧形，各随其便。

火筴

火筴，又叫作"箸"，如同平时常用的火钳。圆直形，长一尺
三寸，顶端齐平，不用葱台、勾锁之类的装饰。用铁或熟铜制成。

镀读音为辅，有的写作"釜"，有的写作"鬴"

镀，用生铁铸造而成。生铁也就是当今铁匠说的"急铁"，这
铁是用废旧残破的犁头之类的农具冶炼、铸造而成。铸锅时，内壁
抹上泥土，外壁抹上沙子。内壁抹上泥土，锅面光滑，容易磨洗；
外壁抹上沙子，锅底粗糙，易于吸热。锅耳做成方形，使其端正。
锅边要宽，便于火力涵盖全锅。锅脐要长，使火力能够集中在中心
位置。锅脐长，水就在锅中心之处沸腾；在中心之处沸腾，水沫就
容易上升；水沫容易上升，水味就淳美。洪州的锅是用瓷制的，莱
州的锅是用石制的，瓷锅和石锅都是雅致好看的器皿，但质地不坚
固，也不耐用。有的锅是用银制作的，非常洁净，但不免过于奢侈

了。雅致固然雅致，洁净确实洁净，但从耐久实用的角度说，还是用银（铁）铸的锅好。

交床

交床，用十字交叉的木架，把中间部分挖空，用来支撑锅。

夹

夹，用小青竹制作成，长一尺二寸。距离一端约一寸之处留有竹节，竹节以上部分剖开，用来夹着饼茶在火上炙烤。在火上烤时，小竹条会渗出津液来，借津液的香气，可以增加茶的香味。但如果不在山林间炙茶，恐怕难以弄到这样的青竹。也有的用精铁或熟铜制作，取其经久耐用的长处。

【点评】

器之二

再来说其他几种生火用具，有盛炭的竹容器筥，有用于捅投炭火的铁棍（炭檛），还有用铁或铜制成的火筷子（火䇲），组合在一起，都是相辅相成的器物，有一种古拙之美。

也有不好理解的。比如"交床"是指什么？细读《茶经》，才知"交床"是"以十字交之，剜中令虚，以支镤也"。具体一点说，就是用风炉煮好茶后，供放置茶锅用的，也叫"静沸"。

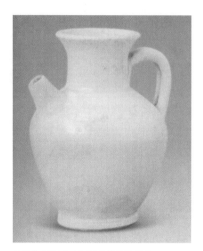

白釉瓷汤瓶（中国国家博物馆藏）

辽《备茶图》

而"镀"呢，就是茶锅，是陆羽专为此定用的字。到了宋代，成了汤瓶，用以点茶。

用小青竹制成的"夹"，在炙烤时用来翻动饼茶。陆羽为人儒雅，所选烤茶之具也雅致，他认为小青竹遇火能生津液，可助茶香。

【原文】

纸囊

纸囊，以剡藤纸白厚者夹缝之，以贮所炙茶，使不泄其香也。

碾_{拂末}

碾，以橘木为之，次以梨、桑、桐、柘。为臼，内圆而外方。内圆，备于运行也；外方，制其倾危也。内容堕而外无馀。木堕形如车轮，不辐而轴焉。长九寸，阔一寸七分。堕径三寸八分，中厚一寸，边厚半寸。轴中方而执圆。其拂末，以鸟羽制之。

罗合

罗末，以合盖贮之，以则置合中。用巨竹剖而屈之，以纱绢衣之。其合，以竹节为之，或屈杉以漆之。高三寸，盖一寸，底二寸，口径四寸。

则

则，以海贝、蛎蛤之属，或以铜、铁、竹匕策之类。则者，量也，准也，度也。凡煮水一升，用末方寸匕。若好薄者，减之；嗜浓者，增之，故云则也。

水方

水方，以椆木、槐、楸、梓等合之，其里并外缝漆之。受一斗。

漉水囊

漉水囊，若常用者。其格以生铜铸之，以备水湿无有苔秽腥涩意。以熟铜苔秽，铁腥涩也。林栖谷隐者，或用之竹木。木与竹非持久涉远之具，故用之生铜。其囊，织青竹以卷之，裁碧缣以缝之，纽翠钿以缀之，又作油绿囊以贮之。圆径五寸，柄一寸五分。

瓢

瓢，一曰牺杓。剖瓠为之，或刊木为之。晋舍人杜毓《荈赋》云："酌之以匏。"匏，瓢也。口阔，胫薄，柄短。永嘉中，馀姚人虞洪入瀑布山采茗，遇一道士，云："吾，丹丘子，祈子他日瓯牺之馀，乞相遗也。"牺，木杓也。今常用以梨木为之。

竹筴

竹筴，或以桃、柳、蒲葵木为之，或以柿心木为之。长一尺，银裹两头。

鹾簋_揭

鹾簋，以瓷为之，圆径四寸，若合形，或瓶或罍，贮盐花也。其揭，竹制，长四寸一分，阔九分。揭，策也。

熟盂

熟盂，以贮熟水。或瓷或沙。受二升。

【译文】

纸囊

纸囊，用两层色白且厚的剡藤纸制作而成，用来贮存炙烤好的饼茶，使茶香之味不散失。

碾_{拂末}

碾，最好是用橘木制作，其次用梨木、桑木、桐木、柘木制作。碾槽内圆外方。内圆方便运转，外方防止翻倒。碾槽内刚放得下一个碾磙，别无空隙，木碾磙，形状像车轮，只是没有车辐，中心安一根轴。轴长九寸，宽一寸七分。木碾磙，直径三寸八分，中间厚

法门寺地宫出土的唐代宫廷金银茶具之茶碾子

一寸，边缘厚半寸。轴的中间是方形的，手握的地方是圆形的。拂末
（扫茶末用），用鸟的羽毛制成。

罗合

将罗筛好后的茶末放进盒中盖紧存放，把量茶的"则"也放在
盒中。罗是用粗大的竹竿剖开并弯曲成圆形的，罗底是蒙上纱或绢
的。盒是用竹节制成的，有的是用杉树片弯曲成圆形并涂上漆的。
盒高三寸，盒盖一寸，底高二寸，直径四寸。

则

则，是用海贝、蛎蛤之类制成，也有的用铜、铁、竹做的匙、
策之类。"则"是度量标准的意思。一般来说，烧一升的水，要用
一"方寸匕"的匙量取茶末。如果喜欢喝茶味淡的，就减少一点茶

末；喜欢喝茶味浓的，就增加一点茶末，因此叫作"则"。

水方

水方，用椆木、槐树、楸树、梓树等树木的材料制作而成，将内外的缝隙之处都涂上漆，容水量为一斗。

漉水囊

漉水囊（滤水工具），同平常用的一样，它的框架是用生铜铸造，以免被水打湿后，会附着铜绿和污垢，使水有铁腥的气味。用熟铜制作，容易生铜锈；用铁制作，容易生铁锈，使水产生腥涩之味。在山林间隐居之士，也有用竹或木制作的，但竹木制品均不耐用，也不方便携带远行，所以还是用生铜。滤水的袋子，是用青篾丝编织，卷成袋子的形状，再裁剪青绿色的细绢缝制而成，缝缀上翠钿做装饰的纽。还要用绿油绢做一个油布袋子，贮放整个漉水囊。漉水囊直径五寸，柄长一寸五分。

瓢

瓢，又叫牺杓。把葫芦剖开制成，或是用树木挖制而成。晋朝杜毓的《荈赋》说："用匏来饮茶。"匏，即瓢。匏口阔，瓢身薄，柄短。晋代永嘉年间，馀姚人虞洪到瀑布山采茶，遇见一道士对他说："我是丹丘子，希望你以后把瓯牺中多出来的茶送给我喝。"牺，就是木杓，现在常用的多用梨木制成。

竹筴

竹筴，有用桃木、柳木、蒲葵木制作的，也有用柿心木制作
的。长一尺，用银裹住两头。

鹾簋揭

鹾簋，用瓷制成，直径四寸，形状像盒子，也有的像瓶子，也
有的像罍（小口坛），用来装盐。撒，用竹制成，长四寸一分，宽
九分，是取盐用的工具。

熟盂

熟盂，用来盛开水，有瓷器的，也有陶器的，容量为二升。

【点评】

器之三

有的茶具则颇为有趣而富于生活气息，如"纸囊"。当饼茶炙
烤后，趁热立即封于纸袋，避免其吸收空气中的水分，导致茶香散
泄，"以剡藤纸白厚者夹缝之，以贮所炙茶，使不泄其香也。"其中
"剡藤纸"是指产于唐代浙江剡县，用藤为原料制成的纸，这种纸
因为洁白细致又有韧性，为唐代包茶的专用纸。想一想，如果能拿
着纸囊来贮藏茶，该是多么风雅的事情。

再比如"碾"，这是一种碾茶用具，是将烤炙好的茶饼包在纸

囊中，等凉了以后取出，放入碾中，用木堕在碾槽中来回转动，碾成茶末。不能碾得像粉，应该像细米，便于煮茶。陆羽所谓"碧粉缥尘非末也"，就是说碾成粉就不是茶末了。唐秦韬玉《采茶歌》中"山童碾破团圆月"一句，说的就是碾茶的情景。清阮元也有诗说"嫩晴时候碾茶天，细展青旗浸沸泉"（《试雁山茶》）。可见碾茶的重要性。拂末，颇具诗意，这种用鸟类的羽毛制成的茶具，是用来清掸茶末的。

"罗合"与"则"，也不太好理解，看图才知："罗"即筛，当茶末碾好后，要先放在罗上筛，筛下来的茶粉放于"合"中，合称

辽代备茶壁画

"罗合"；能测茶末有多少分量的量茶勺，称"茶则"，使投入茶锅内的茶量准确；剩余的茶则放在罗合内，便于取用。陆羽的设计，可谓精巧之致。饼茶时代的品饮者，多习惯于自碾、自罗，因为这样，可以达到"口不能言，心下快活自省"的超然意境。

至于水方、漉水囊等舀水、滤水的茶具，给人的感觉好像总是湿漉漉的，色彩也十分和谐与古朴。特别是漉水囊，唐诗僧皎然，写过《春夜赋得漉水囊歌，送郑明府》诗一首："吴缣楚练何白皙，居士持来遗禅客。禅客能裁漉水囊，不用衣工秉刀尺。先师遗我式无缺，一滤一翻心敢赊。夕望东峰思漱盥，曨曨斜月悬灯纱。徙倚花前漏初断，白猿争啸惊禅伴。玉瓶徐泻赏涓涓，溅著莲衣水珠满。因识仁人为宦情，还如漉水爱苍生。聊歌一曲与君别，莫忘寒泉见底清。"可见漉水囊在茶人诗人心中所爱。

而关于茶与囊的不解之缘，还有一则有趣的事可值一提。据陶穀《清异录》记载："豹革为囊，风神呼吸之具也。煮茶啜之，可以涤滞思而起清风。每引此义，称之为水豹囊。"本是用豹皮制成的一种鼓风之具，却用来比喻饮茶如其所吹之风。可见古人玄思妙想，随处可得。

鹾簋（撽），也挺让人长见识的。这是一种用于盛放盐的瓷质容器。"鹾"是盐的别名；撽就是盐匙，用竹制成，用来取盐。原来，唐代的饼茶在烹饮中还要加盐。细读这些小知识，满脑子都是古人留下来的悬念。

陆羽去掉除盐以外的一切烹茶调料。当内水沸如鱼目，在微微有声的第一沸时，用撮从鹾簋中取盐投入水中，以调和茶味。所谓"盐和君子，不夺茶味"。用盐，正是为了吊出纯正的茶味，而盐自己须"隐退"。

碗

碗，越州上，鼎州次，婺州次，岳州次，寿州、洪州次。或者以邢州处越州上，殊为不然。若邢瓷类银，越瓷类玉，邢不如越一也；若邢瓷类雪，则越瓷类冰，邢不如越二也；邢瓷白而茶色丹，越瓷青而茶色绿，邢不如越三也。晋杜毓《荈赋》所谓"器择陶拣，出自东瓯"。瓯，越也。瓯，越州上。口唇不卷，底卷而浅，受半升已下。越州瓷、岳瓷皆青，青则益茶，茶作白红之色。邢州瓷白，茶色红；寿州瓷黄，茶色紫；洪州瓷褐，茶色黑，悉不宜茶。

碗

碗，以越州产的品质最佳，鼎州的稍差些，婺州的又差些，岳州的再差些，寿州、洪州的更差。有人认为邢州产的比越州好，（我认为）其实根本不是这样。如果说邢州瓷质地像银，那么越州瓷质地就像玉，这是邢瓷不如越瓷的第一点；如果说邢瓷像雪，那么越瓷就像冰，这是邢瓷不如越瓷的第二点；邢瓷白而茶汤呈现红色，越瓷青而茶汤呈现绿色，这是邢瓷不如越瓷的第三点。晋代杜毓《荈赋》有"器择陶拣，出自东瓯"（挑拣陶瓷器皿，好的出自东瓯）之说。瓯（地名），即指越州。瓯（容器名），越州产的最佳，茶碗的唇口不卷边，底卷边而浅，容量不超过半升。越州瓷、岳州瓷都是青色，青色能够增进茶汤的颜色，使茶汤显出白红色。邢州瓷白，茶汤呈红色；寿州瓷黄，茶汤呈紫色；洪州瓷褐，茶汤呈黑色，都不适宜用来盛茶。

【点评】

崇越青瓷

瓷作为一种清雅的物象，常常被用来烘托优美动人的气氛，构筑含蓄悠远的意境。中国人对瓷的迷恋由来已久，高贵典雅的瓷文化，一直在中华民族传统文化中处于核心地位。

这一点在唐宋瓷史中表现得尤为突出。"冰瓯雪碗建溪茶"，在这其中，越人率先奏响了成熟瓷器诞生的前奏曲。晋人杜毓《荈赋》中有"器择陶拣，出自东瓯"之说，即是说选择煎茶用的陶器（茶碗）等，一定要用东瓯所制造的。东瓯即指古越州（今浙江绍兴）一带。简洁的语言，用来勾勒青瓷，却已显秘色青瓷的清趣，在历史舒缓的潜流中悄然涌现，从中可以捕捉到古人制瓷观念转变的信息，也让人们在青瓷的世界里，更精微地体味人类的智慧和创造力。

在《四之器》中，陆羽又将杜毓的观点进一步做了发挥：

> 若邢瓷类银，越瓷类玉，邢不如越一也；若邢瓷类雪，则
> 越瓷类冰，邢不如越二也；邢瓷白而茶色丹，越瓷青而茶色
> 绿，邢不如越三也。晋杜毓《荈赋》所谓"器择陶拣，出自东
> 瓯"。瓯，越也。瓯，越州上。口唇不卷，底卷而浅，受半升
> 已下。越州瓷、岳瓷皆青，青则益茶，茶作白红之色。

这一段像是夹杂着散文片段的笔记小品，关于邢、越的争辩，虽然字数不多，但几乎充盈了整一章节，分量颇重，并成为推崇青瓷的幽雅序曲。邢越对比之余，可以高效地分析出两者的不同质感。唐代的茶碗，以越窑和邢窑烧制的最为著名，向有"南青北白"之说，如唐人皮日休诗赞："邢客与越人，皆能造兹器。圆似月魂堕，轻如云魄起。"陆羽在两者之间，尤为推崇越瓷。

从某种意义上说，确实要从青瓷开始，才能读懂千年瓷史。越州青瓷的起意便有些不凡，除却原始瓷，中国最早的瓷器便是青瓷，可以远溯到东汉、魏晋时期。到了隋唐时期，中国各地出现许多烧制优质瓷器的瓷窑，如陆羽《茶经》里说的越窑、邢窑、鼎州窑、婺州窑、岳州窑、寿州窑、洪州窑等。可在陆羽看来，与越瓷相比，这些产地的瓷如过眼云烟。

陆羽说，最好的茶碗出在越州，越州就是今天绍兴到宁波一

唐 秘色瓷碗（陕西省扶风县法门寺地宫出土，现藏陕西历史博物馆）

唐 越窑青瓷执壶

带，此处的上虞、慈溪、馀姚都是越窑青瓷的产地。近年来，在慈溪上林湖的考古发掘中出土了大量的青瓷实物，与法门寺的秘色瓷属于同类，可知世人崇尚的越瓷就是此地出产的秘色青瓷。朱琰在《陶说》中也引陆羽的《茶经》定论："碗，邢不如越。"进一步说明了世人对越瓷的崇尚。

唐代有幅《宫乐图》，展现的是后宫喝茶的生活场景，既朴素自然，又具纵深感。画中描绘了后宫嫔妃数人围坐在方桌前，饮茶奏乐为乐。其中一人手持的茶碗，便是越窑瓷器。

同时，陆羽说在外观造型上，越州青瓷也特别适宜饮茶用，一是"口唇不卷，底卷而浅"。"口唇不卷"即盏沿不外翻，稍有内敛，这样能约束茶汤，不致外溢；"底卷而浅"即足底稍稍外翻，这样容易端持，而"浅"则指碗的深度。唐时人们饮用的是末茶，饮时会连茶碗中的茶末一起喝掉，底浅的茶碗容易喝尽。二是越州窑"青则益茶，茶作白红之色"。陆羽认为青绿如冰的越窑茶碗最助细色茶汤泛绿。唯其有才情，才可下如此断语。从这段文字不仅能窥见陆羽的慧心与才情，更能感知其精神上的独立与清醒。陆羽茶道以崇尚温润内敛的审美情趣为要，而越瓷恰到好处地吻合了他的这种禅道精神，因而通过一系列的信息传递，使青瓷之轻倩可爱的趣味跃然而出，可与那素有风仪的雅士相配。

虽然对瓷的评定标准很难有一个明确的界定，陆羽关于瓷的意见是否可以成为标准也尚有讨论的余地，但是在唐代，青瓷却由此获得了其他瓷器未必尽有的风雅。既然越州青瓷被陆羽品评为最上等的饮茶瓷器，唐代的上流社会自然推崇青瓷为最尊贵的茶碗，皇室饮茶也就多用越窑的青瓷碗。在1987年的考古发掘中，发现了唐代皇室为了供奉佛祖而藏在陕西省扶风县法门寺地宫的宝藏。出土的文物中就有秘色瓷，以实物证明了秘色瓷就是越州的青瓷，也就是《茶经》所说的越瓷或越州瓷。

青瓷一旦成了时尚，附庸风雅者就渐趋多了起来。对越窑宜茶，唐诗中也一向深有描述，如施肩吾的"越碗初盛蜀茗新"（《蜀茗词》），韩偓的"越瓯犀液发茶香"（《横塘》），而陆龟蒙在《秘色越器》中也有"九秋风露越窑开，夺得千峰翠色来"的佳句传世。

唐代原本就是一个包罗万象的时代，人们涌起对青瓷的热爱，这背后不乏雅玩的文人精神。直到民国年间，雅人许之衡在《饮流斋说瓷》中，仍情不自禁地吟出："红玉谁初琢？青冰孰此腴？古香邢与越，秘色蜀兼吴。"以此盛赞釉色如寒冰的青瓷。

陆羽所推崇的茶汤要与茶碗釉色统一的审美观点，在饮茶历史上，随着制茶技术的提升及茶叶质地的变化，有了更清楚的验证。宋代出产贡茶与高档茶叶的地区，由长江流域转到福建，制作了更为精致的茶饼，也发展了击拂出白色沫饽的斗茶艺术，茶具也就不再讲究青瓷，而开始讲究建窑黑盏，因为击打出来的泡沫是白色的，白色泡沫要用黑色茶碗来呈现。沫饽还有它的另一个重要插曲，便是对宋代斗茶形式的直接影响。

用青瓷品茗的经历，是颇为特殊的。当茶入肺腑撩起万般滋味，那一刻，时间和天地似乎都是停顿的、凝滞的，却又格外寂静豁然，是值得今生今世惦念的境界。

寿州瓷影

对寿州瓷的认知完全来自《茶经》。

在《四之器》里，关于寿州瓷有这样的春秋点评，让人一直念念不忘：

> 碗，越州上，鼎州次，婺州次，岳州次，寿州、洪州次。或者以邢州处越州上，殊为不然。……邢州瓷白，茶色红；寿州瓷黄，茶色紫；洪州瓷褐，茶色黑，悉不宜茶。

这一节对寿州瓷的描述，显出难得的清晰——"寿州、洪州次""寿州瓷黄，茶色紫"。寿州瓷能够入《茶经》，已是不易。相比那些过眼云烟的窑瓷，关于寿州瓷读到的虽是细碎片段，却有可能拼贴起一幅卷轴似的历史画卷。

茶碗在唐人瓷事中别有清韵。唐代饮茶之风盛行，茶成为"越众饮而独高"的文化饮物。茶饮与陶瓷因逢盛世而密不可分。"纱帽笼头自煎吃"，唐代煎茶是煮饮法，用碗喝，茶碗是饮茶的重要器具，也是陶瓷茶具中最重要的种类。

《茶经》一书，对茶碗的光、影、色、形，都论述得非常到位，不妨看作陆羽式的"春秋笔法",以至于后来的茶文化研究者都辛苦万分地从这些只言片语中寻找灵感。

"越州上,鼎州次,婺州次,岳州次,寿州、洪州次。"就是把全国不同地方所产的瓷器,按质量高下一一列举,由湖北鼎州瓷、浙江金华婺州瓷、湖南岳州瓷、安徽寿州瓷,一直列到江西洪州瓷。由此可知,陆羽若无一种善待众瓷的宏愿与远瞻,相关的细察、深思、灵感、积学便实无所来,关于瓷的评述便不会那么细微精道。

越州瓷因为"青则益茶",茶是红色、白色的;邢州瓷是白色的,自然衬得茶色酽红;而寿州瓷黄,茶色紫,别有一番清韵,编织出另一片经纬天地。

黄和紫,在色彩学上是一对很强的对比色,相互衬托,浓淡相宜。与寿州瓷呼应的另一个好例,是《国史补》里有一句"寿州有霍山之黄芽",将茶产地这一特有的优势勾勒得很有韵味,也充分表露出寿州窑茶具的广泛使用和工艺改进有了社会基础。

中国名窑考古专家钱汉东,曾经到过寿州窑遗址考证,并在《寻访中华名窑》里对寿州瓷有过描述:

中国瓷器在唐代形成了"南青北白"的发展格局,大致以长江为界,这是自然形成的地域风格,当然这是整体而言的。北方邢白瓷独霸天下,而南方越窑青瓷一枝独秀。人们无法想象在长江以北、淮河以南的地区,寿州窑工匠们不随波逐流,而是因地制宜,别开生面,勇于开拓创新,没有沿着烧造青瓷的老路走下去，更没有"尚白"，大胆地烧制黄釉瓷器的新品种，实属了不起。

从一幕再普通不过的瓷窑小景中读出诗意。钱汉东为寿州瓷做了简要的评议，让人从这册浩繁的典籍里寻访寿州瓷远去的历史背影，借此沐浴在一份古旧而高洁的气息当中。

寿州窑颇有些异类的色彩。有资料表明，寿州窑始烧于六朝，至隋一直以烧青瓷为主，釉色为青白色，胎白质细，有微量的小砂点。唐代制瓷业的主旋律是"南青北白"，这一局面一旦形成，北方白瓷、南方青瓷便占据了当时制瓷业的主流。然而，地处"南青北白"之间的寿州窑却不随波逐流，不甘人后，而是努力去发现灵光一闪的新意，一改过去烧制青瓷传统方法，终于创烧出黄釉瓷器，别具一格，受到人们的喜爱，为唐代六大名窑之一。

经过考证，在唐代鼎盛时期，淮南寿州窑最少也有近三百个窑口，曾对中国的陶瓷历史产生过非常重大的影响。在《增补古今瓷器源流考》中也有"江南寿州唐时烧造，其瓷色黄"的记载。

黄色，是一种富贵色，充满热烈而温暖的气氛，为历代人们所喜爱，也被历代统治阶级所崇尚。

陈列的一些寿州瓷窑出土的碎片，一个完整的碗底，它向四个方向展开的花瓣仍然是那么的生动新鲜，让人隐约感觉到远逝的时间。寿州窑主要生产的是民间用瓷，简朴实用，不但数量大，而且品种多，器型有碗、盏、执壶、枕、玩具等，都很家常，很亲切。

让人想象着满手瓷泥的寿州工匠专注又细心的样子。他们的手指深陷在瓷泥中，一边拉坯，一边精确地感受着瓷坯的厚薄、形制，将一只碗、一执壶在手中慢慢转成形状。可以说，寿州窑出土的每一件器具，都保存有丰富的信息，细味这些信息，就会看到它们曾有的生动活泼之态。寿州瓷釉色虽皆为黄釉，但又相互有区别，有映衬，延伸为蜡黄、鳝鱼黄、黄绿等，并不单调，且有不同的疏密质地与釉面色泽，瓷色婉转多致，弥散着说不出的余韵。

在风雨飘摇的晚唐，寿州窑停止了它前进的步伐，"寿州瓷黄"也逐渐淡出历史的舞台，但它无可争辩地为"南青北白"的陶瓷世界里涂抹了一丝炫丽的色彩。在精致浮俗的日子里，它以特有的粗糙之美，拨动着人们平静如水的心弦。

阅读《茶经》，可以让人的思绪回到曾经生活过的属于我们的古代城市，感受那段历史留在此后世代的微弱气息。

知道了"寿州瓷黄"的这一历史脉络，感觉古寿州的文气都不一样了。以一片瓷映照一方地域历史的变迁，谁说不是别具一格的寿州志或寿州瓷史？古寿州人凭借自己卓尔不群的感觉能力，对寿州瓷穷幽极微，并形成自家风范，独领一时风骚，极为难得。

当代陶瓷艺术家崔怀伦先生，有幅寿州瓷作品《黄釉碗》，被醴陵博物馆收藏，这也许说明了后来艺术家的记忆渐渐苏醒，努力使那远去的时代在今后瓷文化的发展脉络中再次开花结果，从而获得真正的复活。其中创造的激情与动力，仍来自那片久远的历史遗痕。

那些茶叶在寿州黄釉瓷碗下舒舒卷卷，让人迷恋其中的瓷纹、瓷色、瓷声、瓷性，寿州黄釉瓷的温润，带有强烈的乡愁色彩，也成为当地人永远依恋的绝色。

【原文】

畚

畚，以白蒲卷而编之，可贮碗十枚。或用筥，其纸帊以剡纸夹缝令方，亦十之也。

札

札，缉栟榈皮，以茱萸木夹而缚之，或截竹束而管之，若巨笔形。

涤方

涤方，以贮涤洗之馀。用楸木合之，制如水方。受八升。

滓方

滓方，以集诸滓，制如涤方。处五升。

巾

巾，以绝布为之，长二尺。作二枚，互用之，以洁诸器。

具列

具列，或作床，或作架。或纯木、纯竹而制之，或木或竹，黄黑可扃而漆者。长三尺，阔二尺，高六寸。具列者，悉敛诸器物，悉以陈列也。

都篮

都篮，以悉设诸器而名之。以竹篾内作三角方眼，外以双篾阔者经之，以单篾纤者缚之，递压双经，作方眼，使玲珑。高一尺五寸，底阔一尺，高二寸，长二尺四寸，阔二尺。

【译文】

畚

畚，用白蒲草卷编而成，可以贮放十只茶碗。也有的用竹筥编成，用两层剡藤纸缝制成纸帊，裁制成方形，也可以贮放十只茶碗。

札

札，先截取或搓捻棕榈皮，用茱萸木夹紧棕榈皮，捆牢。或是截取一段竹子，将搓捻后的棕榈皮插入筒中，成为笔管，就像一枝大毛笔的样子（作刷子用）。

涤方

涤方，用来贮盛洗涤剩下的水和茶具。用楸木制成盒子的形状，制作的方法和水方一样。容量为八升。

淬方

淬方，用来贮盛各种茶渣，制作的方法如同涤方。容量为五升。

巾

巾，用粗绸子制作而成，长二尺，作成两块，交替使用，用来清洁茶具。

具列

具列，有的制作成床形，有的制作成架形。有的纯用木制成，有的纯用竹制成，有的也可以木竹兼用，做成可以关上锁住的小柜，漆成黄黑色。长三尺，宽二尺，高六寸。之所以叫作具列，是因为它可以收集、陈列全部的器物。

都篮

都篮，因将所有的器具都陈列其中而得名。用竹篾编制而成，里面编制成三角形或方形的眼，外面用两道宽的竹篾作经线，一道窄的竹篾作纬线，在作经线的两道宽篾上，交替地编压，编成方眼，使之玲珑可爱。高一尺五寸，底宽一尺，高二寸，长二尺四寸，宽二尺。

【点评】

器之四

这一组器具，丰富而琐碎，又极具生活情趣，有家常气息。就所罗列的来看：

有的作为盛茶的用具，如用白蒲草卷编而成的畚，可以贮放十只茶碗；有的作为洗涮的器具，如像一枝大毛笔的札；有的用来贮盛洗涤剩下的水和茶具，如涤方；有的用来贮盛各种茶渣，如滓方；有的用来清洁茶具，如巾，可做成两块，交替使用；有的用来收集、陈列全部的器物，如具列；还有一种用竹篾编制而成的都篮，又小巧精致，又玲珑可爱，因将所有的器具都陈列其中而得名。

畚，札，涤方，具列，都篮……从这些茶具的命名上，可以体味到一股古老的气息。古人那么郑重地为这些小小器具起一个古雅的名字，心思缜密，茶文化就这样一点一滴建立了起来，让后来人追循前人的履迹，去找寻曾经的纯真与美好。

长物的闲情

因为陆羽的"诗化茶饮"讲究烹茶用水，讲究器具的高雅洁净，以及许多温柔敦厚的品茶仪礼。因而在野游品茗上，陆羽别开生面地设计了专用工具——都篮。这一结构精巧的器物，使品饮场面别具情致。

俗话说，美食不如美器。茶碾成为唐代重要的茶器，是因为陆羽在《茶经》中提到"饮有粗茶、散茶、末茶，饼茶者"。而无论是饼茶还是散茶，皆须碾末后才能煮饮。

这样一条一条细读下来，颇有一股唐人煮茶烹茗的迷离古拙乐趣，在纸上弥漫开来。

作家王升华专为陆羽作传，在《茶圣陆羽》一书中，他饶有兴味地还原出真实可感的一幕，这样叙述陆羽烹茗的过程：

> ……挽了袖，在众人的注视下动手煮起茶来。一会儿，他已将釜放上风炉，从水方中将生水倒入釜中，随口问："老先生，水是什么水？"老先生说是泉水，陆羽道声好，就用细柴在风炉生了火，碾了茶饼，用罗合筛过，将已热的水舀出一些到熟盂，待水一沸后用则（量茶的小匙）舀茶中，待三沸时将盂中之水再入釜中，以"救沸"和"育华"，放入少量桔皮、姜、盐等作料，一会他的渐儿茶便已煮好，舀一碗给老先生先尝，老先生喝一口，咂咂嘴，立刻满脸皱纹舒展开来，连说："好茶！好味道！别有风味，真是名不虚传！佩服！佩服！"

陆羽原就好茶，不随时俗，远离权位人事烦恼，自得其乐地悠

陶茶碾

青瓷釜（浙江省博物馆藏）

游于茶艺之中，有大量的时间来研习茶艺。他品茗的乐趣显然并非只有一种方法，也尽可能地向人们展示品茗至乐的多样性。

式样别致的二十四器具虽纷繁复杂，在陆羽笔下却一一清晰。其中一些篇什，几乎勾勒出个人化茶具的另类线索。陆羽笔记精微，记载古人茶事中的寻常物事，流露出一种纯粹的韵味。

用现代人的观点来看，饮一杯茶有这么多复杂的器具似乎难以理解。但站在古人的角度，则是完成一种礼仪，使饮茶至好至精的必然过程。

这些古老茶谱里的美丽术语、器物一旦被记录，便进入一种集体审美程序，有造型，有节奏，有徐疾，有韵致，也使人们仿佛看到了唐代那人烟辐辏的市廛，或近郊巷陌那熙来攘往的行人与商贩，在茶楼、茶馆、茶店里充分利用这些茶具，捧杯品茗，啜饮细抿的景象，富于动感的场景像是瞬间定格了。

更为有趣的是，后来南宋有位审安老人著《茶具图赞》。十二茶具包括：韦鸿胪、木待制、金法曹、石转运、胡员外、罗枢密、宗从事、漆雕秘阁、陶宝文、汤提点、竺副帅、司职方，是陆羽《四之器》里器以载道的发展。颇为奇特的是，《茶具图赞》以"十二先生"拟人化，鲜活地表达了茶具的意蕴。如：韦鸿胪比为四窗闲叟，木待制比为隔竹主人，金法曹比为和琴先生，石转运比为香屋隐君，胡员外比为贮月仙翁，罗枢密比为思隐寮长，宗从事比为扫云溪友，漆雕秘阁比为古台老人，陶宝文比为兔园上客，汤提点比为温谷遗老，竺副帅比为雪涛公子，司职方比为洁斋居士。

"胡员外"就是《茶经》中所记的瓢。姓胡，是谐"葫"音，意指其为葫芦制成。审安老人赞为："周旋中规而不逾其间，动静有常而性苦其卓，郁结之患悉能破之。虽中无所有，而外能研究，其精微不足以望圆机之士。"苏轼为此还作有诗曰："大瓢贮月归春瓮，小杓分江入夜瓶。"所以"胡员外"还有"贮月仙翁"之号。读罢，很让人发一点思古之幽情。

而到了明代，高濂在《遵生八笺》里写"茶具十六事"，又另有一番别样心思，赋予茶具的名称，古雅奇特，细细品味，每一样命名均内藏文人的风雅灵性：

> 商象，即古石鼎，用以煎茶；降红，即铜火箸，用以簇火；递火，即铜火斗，用以搬火；团风，即素竹扇，用以发火；分盈，即挹水勺，用以量水的斤两，与《茶经》中的"水则"相同；执权，即准茶秤，用以衡茶，每勺水二斤，用茶一两；注春，即磁瓦壶，用以注茶；啜香，即磁瓦瓯，用以啜茗；撩云，即竹茶匙，用以取果；纳敬，即竹茶橐，用以放盏；漉尘，即洗茶篮，用以浣茶；归洁，即竹筅帚，用以涤壶；受污，即拭抹布，用以洁瓯；静沸，即竹架，即《茶经》中所说的支镀；运锋，即劖果刀，用以切果；甘钝，即木砧墩，用以砸碎木炭。

这些属于长物的闲情逸致，不仅让人悠悠暇想，也让后人看到了无比清晰的古人饮茶方式。

上應列宿

上應列宿萬民以濟稟性剛直
摧折強梗使隨方逐圓之徒不
能保其身善則善矣然非佐以
法曹資之樞密亦莫能成厥功

木待制

韋鴻臚

贊曰祝融司夏萬物焦爍
火炎昆岡玉石俱焚爾無
與焉乃若不使山谷之英
墮於塗炭子與有力矣上
卿之號頗著微稱

抱堅質

抱堅質懷直心啖嚅英華
周行不怠斡摘山之利操
漕權之重循環自常不捨
正而遷他雖沒齒無怨言

石轉運

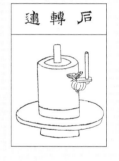

金法曹

柔亦不茹剛亦不吐圓
機運用一皆有法使強
梗者不得殊軌亂轍豈
不韙歟

幾事不密

幾事不密則害成今高者
抑之下者揚之使精粗不
致於混淆人其難諸奈何
矜細行而事詆訶

羅樞密

胡員外

周旋中規而不踰其閒動靜有
常而性著其卓爾塊然獨處之
時凜然莫侵犯之意
其精微不足以望圓機之士

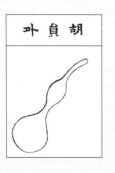

孔門高弟當洒掃應對事之
末者亦所不棄又况況其
瓶散拾其所已道遵寸亮而使
遠塵不飛功亦羨矣

宗從事

危而不持顛而不扶則吾
斯之未能信以其彈鼓熱
之惠無賦信堂之覆故宜輔
以寶文而親近君子

漆雕秘閣

出河濱而無苦盛經緯之
象劉柔之理炳其綳中虛
已待物不錫外戴位高秩
闕堂無愧焉

陶寶文

養浩然之氣發沸騰之聲以
執中之酞輔成湯之德斟酌
賓主間劭遵仲秫圓然未免
外爍之曇覆有内熱之患何

湯提點

首陽餓夫毅諫於兵沸之
時方金鼎揚湯鼎探其沸
者甌犧幕子之清節獨以身
試非難不顧者嗜見圖

竺副帥

互鄉童子聖人猶且與其
進況埴方貿素經緯有理
終身涅而不緇者與孔子
之所以興滌也

司職方

茶的瓶瓶罐罐

好茶还需美器配,这是喝茶境界提升的一种审美需求。

一本《古茶器》书里,收集了许多古代喝茶的器皿。在众多白瓷、彩瓷、青花瓷、象牙雕刻、清代玉器、竹刻、铜器、漆器中,古茶器显得更为古朴。从春秋历数过来,有:

> 陶壶,青瓷茶盏,三足杯,陶鼎,青瓷洗,青瓷槅式盘、勺,青瓷耳杯,鸡首盘口壶,青瓷灶,青瓷碟,黑釉弦纹杯,青瓷杯,白瓷杯,黄釉执壶,莲花式碗,银风炉,玻璃茶碗,黄釉茶碾,金银丝结条笼子,葵口银盐台,素面银香匙,鎏金飞鸿纹银则,鎏金鸿雁流云纹茶碾子,鎏金壶门座银波罗子,鎏金伎乐纹调达子,鎏金葵口折枝花纹小银碟,鎏金蔓草纹长柄勺,鎏金摩羯纹蕾纽三足盐台,鎏金银方,鎏金银盒,鎏金团花纹银碾轴,鎏金系链银火筋,鎏金银龟茶贮,鎏金镂空飞鸿毬路纹银笼子,越窑刻花盏托……

古茶器至简至朴,至深至厚,推进了中国茶文化的美学品格。

人们今日所见古茶器上的装饰图样,在古人看来总有一种格外厚实的欢喜劲头,这是以世俗生活打底的。

喜欢瓷具的人家,书架一角会有一些紫砂瓷具,是为留存的那

法门寺地宫出土的唐代宫廷
金银茶具之风炉

法门寺地宫出土的唐代宫廷
金银茶具之银笼子

法门寺地宫出土的唐代宫廷金银茶具之置盐架

点古风存个念想，也可使居室显得井然有序，古朴有余。

国人虽然并不都识紫砂面目，但也深知里面有着精深的学问。

其实，想了解这些器具的使用并不难，翻书就是。但是面对这几样物件，仍像是拾到了几片釉色较清亮的瓷片，细细品赏，体味其中丰富的历史文化遗存。

在很长一段时间里，中国紫砂给人的感觉并不那么美妙，虽威严堂皇，却千篇一律。二十几年前，谁家都有些紫砂壶具。朋友曾经在地摊上买过一套，虽然价格低廉，但也以拥有一套紫砂物品而感到骄傲。

在宜兴紫砂厂，有家蒋齐军、丁余琴紫砂工作室的"供春堂"。"供春堂"三字为紫砂名家邵顺生所题，散发着浓厚的陶文化气息。丁余琴在一边抟紫砂壶，在灯光下抟得很慢、很细致。她的紫砂抟得清淡，手工一点不俗气。蒋齐军的紫砂作品有：

《古春提梁》《供春壶》《精致的扁井菊》《松风壶》《拙韵》《龙吟壶》《高风亮节》《汉方壶》《藏六方》《四方桥鼎》《四方雅趣》《如意石瓢》《掇球壶》《半月壶》《硕果壶》《暗香浮动》《春色满园》《井栏壶》《德钟》《双线竹鼓》《瑞祥壶》《祥福壶》《吉祥如意》《四方如意》《仿古》《如意壶》《石瓢》《子冶石瓢》《三脚提梁》《灵芝供春》《大供春》《树桩供春》《茄段》《树瘿》《灵芝》《传炉》……

这些紫砂，有些是蒋齐军先生挑古书里的图样制作的，有些则是深夜里冥思出来的。有的像风景画一样有幽玄之妙；有的如深谷般寂寥和幽暗，给人空静与闲适的感觉；有的恰暗合了人类童年时期才保有的质朴天真。

供春之壶，胜于金玉，吸引着诗人、画家、文人为之着迷。周澍的《台阳百咏》："最重供春小壶，一具用数十年，则值金一笏。"其中身、盖、把的比例无一不恰到好处，多一点则显臃肿，少一点则有寥落之感，成为一代名器。

对制壶名家供春等人的介绍，"绝代散文家"（黄裳语）张岱的《陶庵梦忆》卷二中有一段：

> （砂罐锡注）宜兴罐，以供春为上，时大彬次之，陈用卿又次之。锡注，以王元吉为上，归懋德次之。夫砂罐，砂也；锡注，锡也。器方脱手，而罐一注价五六金，则是砂与锡与价，其轻重正相等焉，岂非怪事！一砂罐、一锡注，直跻之商彝、周鼎之列而毫无惭色，则是其品地也。

张岱对供春等人可谓推崇备至，也的确如此。在他笔下，宜兴陶艺中制茶壶的供春、时大彬、陈用卿，以及精制酒壶的锡工王元吉、归懋德等人，都是真正的大师。就拿供春来说，这位明代的制陶名家，曾经跟随江苏宜兴金沙寺僧人学过制陶技艺，他极为聪明，又善于捉摸，在此基础上，他的制陶技术日益成熟，所研制的陶茶壶极负盛名。再说时大彬，也是位明朝制陶名家，所制作的陶器透露出一股古朴典雅的气息，受到当时品茶人的特别喜爱，他与当时另两位名家李大（仲芳）、徐大（友泉），并称"壶家三大"。由此可知，茶壶不过是一种陶器，酒壶不过是一种锡器。可是经由制陶名家制作的壶一出手，每把就值五六两银子，陶土和锡的价格，竟相当于同等重量的白银，岂不是令人感到不可思议的怪事吗？

如今一把供春壶的价格有几十万，比当时的"五六金"又高出了几千倍。砂、罐、锡注，可以与商彝、周鼎等古物并列，一样地受到珍重，并无愧色，这全靠的是其本身的"品地"。

忽觉茶为壶中之物，现天地如壶，以万物为茶，人也在其中，无边清气从那太湖边升起，将一切浸透。

与紫砂壶搭在一起的，还有形形色色的紫砂小摆件：小猪小狗，瓜子花生，花花草草，貔貅金蟾。

紫砂之外，还有青花，还有粉彩，还有"汝钧官哥定"等等，一个精彩的陶瓷世界竟然在茶这个主题下集齐了呢！

作为一个淳朴厚道的读书人，捧着百年紫砂茶壶，在意的是壶里的百年茶渍。这些经由岁月蹉跎，为人摩挲把玩的古茶器，让人感应到古代茶人爱器如己之心。

五之煮

茶与水的团圆

【原文】

　　凡炙茶，慎勿于风烬间炙，熛焰如钻，使炎凉不均。持以逼火，屡其翻正，候炮普教反出培塿，状虾蟆背，然后去火五寸。卷而舒，则本其始又炙之。若火干者，以气熟止；日干者，以柔止。

　　其始，若茶之至嫩者，蒸罢热捣，叶烂而牙笋存焉。假以力者，持千钧杵亦不之烂，如漆科珠，壮士接之，不能驻其指。及就，则似无禳骨也。炙之，则其节若倪倪如婴儿之臂耳。既而承热用纸囊贮之，精华之气无所散越，候寒末之。末之上者，其屑如细米；末之下者，其屑如菱角。

　　其火，用炭，次用劲薪。谓桑、槐、桐、枥之类也。其炭，曾经燔炙，为膻腻所及，及膏木、败器，不用之。膏木为柏、桂、桧也。败器，谓杇废器也。古人有劳薪之味，信哉。

【译文】

烤饼茶的时候，注意不要在通风的余火上烤炙，因为飞迸不定的火苗像钻子，使茶在烤时受热不均匀。拿着饼茶要靠近火不停地翻动，等到饼茶表面烤出突起的像虾蟆背上的小疙瘩，然后将饼茶远离火五寸，继续烤。当卷曲的饼茶逐渐舒展开来，可以按照原先的办法再烤。如果制茶时饼茶是用火烘干的，需烤到冒热气为止；如果饼茶是用太阳晒干的，需烤到柔软为止。

开始制饼茶的时候，如果茶叶是很柔嫩的，蒸后要乘热杵捣，将茶叶捣烂，而茶芽还保存完好。如果只会用蛮力，即使拿很重的杵杆也不会捣烂，就如同漆树种子，虽然又轻又小，但再有力气的人却也捏不住是一个道理。茶捣好之后，就像没有筋骨的黍秆，这时再来烤炙，又会柔软得像婴儿的手臂。烤好之后，应趁热用纸袋贮存起来，让茶的香气不会散发，等茶冷却之后再碾成细末。上等的茶末，屑末的形状像细米；下等的茶末，屑末的形状像菱角。

烤饼茶用的燃料，最好是木炭，其次用硬木柴。如桑木、槐木、桐木、枥木之类。曾经烤过肉，沾上了腥膻油腻味的木炭或者有油烟的柴、朽烂的木器，都不能用。膏木指柏木、桂木、桧木之类。败器指朽烂的木器。古人所说的用"劳薪"烧煮的食物会有怪味，的确如此。

【点评】

茶香贮精华

古人追求茶香，可茶的香味却是一种介乎虚实之间的存在。这一观点，催生了很多写茶写香的书籍，也从一个侧面重温了古人的文采风流。

唐代的饼茶是复杂而微妙的，它属于不发酵绿茶的蒸青压制茶，含水量比叶茶、片茶、碎茶、末茶要高。在存放的过程中，也会自然吸收水分。因此在饮用前，一定要先烤炙，以便把饼茶内含的水分烘干，用火逼出茶的香味来。茶因为其香，常被拿来做隐喻。曲折隐晦，这是唐人秉持的一份旧时风雅，让人情不自禁地嗅到茶的古朴气息。

根据《茶经》所述，"陆羽煮茶法"的主要内容有：烤茶、碾茶、罗茶和煮茶。他认为：要煮好茶，煮出茶香味，除了要讲究煮茶技艺之外，还要注重情趣。在细枝末节之中体味陆羽对"煮茶法"的描述，其中关于煮饮方面的趣味也渐渐显现。

首先，陆羽提倡炙烤茶饼后要碾末，炙茶需要一定的技术：

凡炙茶，……日干者，以柔止。

陆羽对烤炙饼茶深有研究，能够说出许多道道：烤炙时不要迎风，否则火焰飘忽不定，会使饼茶冷热不均；火要大一些，还要经常翻动，使其受热均匀。烤炙的时间也要恰到好处：初烤时，饼茶表面要烤炙得像虾蟆背那样有小疙瘩突起方可；再烤时，则应视饼茶制造的干燥方法而定，烘干以不再冒气为止，日晒以柔软为止。在两次烤炙之间，有一定的冷却时间，并有"卷而舒"的检验标准，避免外熟内生，才能具有合乎理想的香气。烤炙好的饼茶，要趁热用纸袋贮藏好，不让茶的香气散失。

其次，要想有茶香，领略茶的清冽与苍远，煮茶用火也有讲究：

> 其火，用炭，次用劲薪。……其炭，曾经燔炙，为膻腻所及，及膏木、败器，不用之。……古人有劳薪之味，信哉。

也许没有谁会在意这样的细节，陆羽却留心到了，肯花时间去考虑一些看似琐碎却至关重要的事情。"活火茶炉活水煎"，他认为燃料与茶汤的味道关系密切，有互相烘托的作用。最好用炭，使燃料产生的热量大而持久。看似零星碎语，于茶之香味却富有意味。唐人李约也说："活火谓炭火之有焰者。"为陆羽的言论做了佐证。

再次，陆羽谆谆告诫：绝不能用带有异味或烟味的燃料煮茶，否则会有所谓的"劳薪之味"。比如会出现唐代苏廙《十六汤品》的"贼汤""大魔汤"，不仅有害茶味，也有害品茶的趣味。如果不细致地考虑到这一点，品茶的欢乐就会如一缕烟，轻轻地腾起，最后消散。

难得的是，茶饮之妙，妙在何处？为了验证这一点，陆羽是通过自己的亲历其境，"亲揖而比""亲炙啜饮""嚼味嗅香"，用一种显微的手法，将这一过程演绎得十分细腻。

在陆羽的笔下，茶就此有了特别的姿态，特别的香味，让人对茶香有着没来由的亲近之意，为它加上许多鲜洁清正的美好想象。可以说，没有陆才子，中国的茶文化还有什么精彩可言？

【原文】

其水，用山水上，江水中，井水下。《荈赋》所谓"水则岷方之注，揖彼清流"。其山水，拣乳泉、石地慢流者上。其瀑涌湍漱，勿食之，久食，令人有颈疾。又多别流于山谷者，澄浸不泄，自火天至霜郊以前，或潜龙蓄毒于其间，饮者可决之，以流其恶，使新泉涓涓然，酌之。其江水，取去人远者。井取汲多者。

【译文】

煮茶用的水，用山水最佳，其次是江河之水，井水最差。《荈赋》所说的是"舀取岷江流淌的清水"。山水，最好是选取从石钟乳上滴下的泉水，从石池里漫漫流出的水（这种水流动较缓），奔湍汹涌的水不要饮用，长期饮用这种水会让人颈部生病。还有一些是由溪流汇集而成，停留于山谷之间的死水，水看上去虽然澄澈，但并不流动。从夏天到霜降之前，也许还有龙蛇之类的潜藏其中，使水质污染含毒。饮用时应先挖开缺口，让污秽染毒的死水流走，这样新鲜的泉水才会涓涓流来，然后才可以饮用。江河之水，要到远离人居之处去取。井水要从人多常汲水的井中取用。

【点评】

茶与水的团圆

立夏清和四月天，把那金黄透亮的铁观音茶汤一一均匀地浇入娇小的白瓷瓯杯中，立时热气袅袅，幽香浮动。

器为茶之父，水为茶之母。

儒素家风，清淡滋味。君子之交，其淡如水。应该说，古代茶人把水的重要性看得相当高，绝不在茶之下，至少是平分秋色。

好茶用好水，古人对此非常讲究。"扬子江心水，蒙山顶上茶。"这副楹联说明了名茶伴美水，才能相得益彰。

泡好茶必须用好水。明代的张大复在《梅花笔谈》中说："茶性必发于水，八分之茶遇十分之水，茶亦十分矣。八分之水试十分之茶，茶只八分耳。"虽然不免有些夸大其词，但亦可见水的重要性。

饮茶之用水，有泉水、江水、河水、井水、雪水、湖水……不一而足。

茶成为陆羽生命中的聚焦点。对于用水，"茶圣"陆羽自然也甚为关心，他在《茶经》中简洁地写道：

其水，用山水上，江水中，井水下。

以寥寥数语，清而且佳，言尽择水诀窍。细说开来，便是山中乳泉、江中清流为最佳。煮茶要用流动的、没有被污染过的水。如此说来，河水好于井水，山水好于河水。

以前人家，院有井水，虽没有山泉的甘洌，喝起来已觉清洌甘甜。现代人久居都市，不要说上佳的山水了，就是井水也成了遥不可及的琼浆。若能用山水、江水来泡茶，那自是比自来水好上许多。

难得的是，陆羽品水的范围要宽广得多。他曾经走遍山山水水，东到长江中下游，西到商州，南到柳州，北到桐柏山区，将这些地方的印象重叠在一起，就此获得了对水完整的认识。陆羽对于水之于茶也甚为重视，但他并不胶柱鼓瑟。说起来，他是个极自信的人，毫不介意地发表着自己的意见，只在乎是否能够完善"茶水之论"——陆羽认为，产茶之地，水质本身都应有相宜之处，产于什么地方的茶，便用什么地方的水泡，一定能煎出好茶。再好的水运到远处，也会功效减半，非得高超的烹茶技术和洁净的茶具不可。

有关水的问题，古人一直比较重视。

唐代张又新在《煎茶水记》中说："夫茶烹于所产处，无不佳也，盖水土之宜。离其处，水功其半。"——离开当地的水，茶味减半。当地的茶与水是古人评点名茶与好水的最佳组合。

唐代张源在《茶录》中继续讲："茶者水之神，水者茶之体。"也说明水与茶的关系，用名泉的泉水煎茶，则神韵显现。而苏廙的《十六汤品》和张又新的《煎茶水记》可以算是茶书中的冷门书。

先说苏廙《十六汤品》。

陆羽冲泡的这壶浓茶，如两腋生起一股清风，深深吸引了这位晚唐五代人士。他熟读《茶经》，尤其钟情于《五之煮》一节，灵心妙意，将口沸的程度分为三沸，并用"鱼目、涌泉连珠、腾波鼓浪"形象地比喻。又延伸开来，将茶的注法按缓急程度分为三种，将茶器种类分为五种，依薪炭燃料的不同分为五种，敷演成为宜茶品水的十六项：得一汤、婴汤、百寿汤、中汤、断脉汤、大壮汤、富贵汤、秀碧汤、压一汤、缠口汤、减价汤、法律汤、一面汤、宵一汤、贼汤、大魔汤，统称为"十六汤品"。

再说《煎茶水记》。

张又新的这部《煎茶水记》，约九百字，是根据陆羽《茶经》的《五之煮》略加发挥，而尤重水品，力证陆羽的"煮茶之水，用山水者上等，用江水者中等，井水者下等"。

尤感可惜的是，"既生羽，又生新"。因在张又新之前出生、成名的陆羽，已经写出了研究饮茶的名著——《茶经》。无奈之下，张又新只好转而研究煮茶用的水，写了一卷《煎茶水记》，根据口味优劣，把他品尝过的二十处好水排了名次："庐山康王谷水帘水第一，无锡县惠山寺石泉水第二，蕲州兰溪石上水第三……"

对于煎茶的水，如甘甜玉露，涤人诗肠，在古代被重视到几近神圣的程度，各界人物纷纷进行茶事表演，如行云流水，随心自若。如明人田艺蘅的《煮泉小品》是一部茶之水的专著，分为十个部分："源泉""石流""清寒""甘香""宜茶""灵水""异泉""江水""井水""绪谈",虽然其中不少议论略显怪异,但在夏天读来,能增添视觉的清凉感,韵味十足,亦可品味出茶之真味。

宋徽宗不仅写字、作画属一流,他品茶的功夫也是好生了得,他在《大观茶论》中,认为"水以清、轻、甘、洁为美。轻、甘乃水之自然,独为难得"。从这一点来看,他确是一个不俗的皇帝。

正所谓好水配好茶。自然界中的水,只有雪水、雨水是纯软水,且尤为古人所推崇,赞为"天泉"。唐代白居易的"扫雪煎香茗",宋代辛弃疾的"细写茶经煮茶雪",元代谢宗可的"夜扫寒英煮绿尘",清代曹雪芹的"扫将新雪及时烹",都是赞美雪水煮茶的。

雪水煎茶,风雅是风雅,不过陆羽却评为最下,张又新在《煎茶水记》中也将它列为二十品之末。

对于绝佳的茶与水的搭配,张岱的组合颇让人推崇。张岱对茶艺造诣之精,禊泉配兰雪茶就是极好的证明。

张岱对自己辨别水的能力颇为自信,他说:"辨禊泉者无他法:取水入口,第桥舌舔腭,过颊即空,若无水可咽者,是为禊泉。"这本来是极难用文字表达的感觉,他却恰如其分地表达了。他认为禊泉之佳妙,"会稽陶溪、萧山北干、杭州虎跑,皆非其伍"。

他还有一篇《兰雪茶》,主要谈当年他采日铸茶加以精制,其色、香、味一如"百茎素兰同雪涛并泻也",所以取此名。兰雪茶在当时颇为有名,"四五年后,'兰雪茶'一哄如市焉。越之好事者不食松萝,止食兰雪"。可见,张岱精妙的构思,曾经使浙江茶客的口味为之折服。

精茗配之好水，犹如宝剑赠予壮士，著名的茶水组合，有"扬子江中水，蒙山顶上茶""龙井茶，虎跑泉""径山茶，苎翁泉""武夷岩茶，九曲溪""碧螺春，洞庭水""平山绿茶，蜀岗泉水"……

唐代有关陆羽论水的记载见之于张又新的《煎茶水记》和温庭筠的《采茶录》。两书中都记述了关于陆羽鉴水的同一件事，只是繁简有别。

有趣的是，"天下第一泉"有好几处：乾隆钦定的北京玉泉山水、经陆羽排名第一的庐山康王谷帘泉、唐代刘伯刍的品水清单定为第一的扬子江南零水……

庐山谷帘泉，自从被陆羽品评为"天下第一泉"之后，曾名盛一时，为嗜茶品泉者所推崇乐道。宋代品茗高手陆游，亦曾到庐山汲取帘泉之水烹茶，并在《入蜀记》中写道："史志道饷谷帘水数器，真绝品也。甘腴清冷，具备众美。……非惠山所及。"

在有些文人眼里，可不管这些第一第二的名头，如汪曾祺就认为：

我喝过的好水有昆明的黑龙潭泉水。骑马到黑龙潭，疾驰之后，下马到茶馆里喝一杯泉水泡的茶，真是过瘾。泉就在茶馆檐外地面，一个正方的小池子，看得见泉水咕嘟咕嘟往上冒。井冈山的水也很好，水清而滑。有的水是"滑"的，"温泉水滑洗凝脂"并非虚语。井冈山水洗被单，越洗越白；以泡

"狗古脑"茶，色味俱发，不知道水里含了什么物质。天下第一泉、第二泉的水，我没有喝出什么道理。济南号称泉城，但泉水只能供观赏，以之泡茶，不觉得有什么特点。

有些地方的水真不好，比如盐城。盐城真是"盐城"，水是咸的。中产以上人家都吃"天落水"。下雨天，在天井上方张了布幕，以接雨水，存在缸里，备烹茶用。最不好吃的水是菏泽。菏泽牡丹甲天下，因为菏泽土中含碱，牡丹喜碱性土。我们到菏泽看牡丹，牡丹极好，但茶没法喝。不论是青茶、绿茶，沏出来一会儿就变成红茶了，颜色深如酱油，入口咸涩。（《寻常茶话》）

不管怎样，在普通百姓眼里，茶就是那样传奇，那样沧桑，那样阅尽人间春色。

【原文】

其沸，如鱼目，微有声，为一沸；缘边如涌泉连珠，为二沸；腾波鼓浪，为三沸。已上，水老，不可食也。初沸，则水合量调之以盐味，谓弃其啜馀。啜，尝也。市税反，又市悦反。无乃餡鑑而钟其一味乎？上古暂反，下吐滥反。无味也。第二沸，出水一瓢，以竹箓环激汤心，则量末当中心而下。有顷，势若奔涛溅沫，以所出水止之，而育其华也。

凡酌，置诸碗，令沫饽均。《字书》并《本草》，饽均茗沫也。蒲笏反。沫饽，汤之华也。华之薄者曰沫，厚者曰饽，细轻者曰花。如枣花漂漂然于环池之上，又如回潭曲渚青萍之始生，又如晴天爽朗有浮云鳞然。其沫者，若绿钱浮于水湄，又如菊英堕于镈俎之中。饽者，以滓煮之，及沸，则重华累沫，皤皤然若积雪耳。《荈赋》所谓"焕如积雪，烨若春藪"，有之。

第一煮水沸，而弃其沫之上有水膜如黑云母，饮之则其味不正。其第一者为隽永，徐县、全县二反。至美者曰隽永。隽，味也。永，长也。史长曰隽永。《汉书》：蒯通著《隽永》二十篇也。或留熟盂以贮之，以备育华救沸之用。诸第一与第二、第三碗次之。第四、第五碗外，非渴甚莫之饮。凡煮水一升，酌分五碗。碗数少至三，多至五。若人多至十，加两炉。乘热连饮之，以重浊凝其下，精英浮其上。如冷，则精英随气而竭，饮啜不消亦然矣。

【译文】

水煮沸时，有像鱼目一样的小泡泡，还有轻微的响声，称为"一沸"。锅的边缘有如涌出的泉水一般向上冒泡，称为"二沸"。沸水如波浪翻涌，称为"三沸"。再继续煮下去，水煮老了，味道就不好，不适宜饮用。开始沸腾时，可以按照水量放适量的盐来调味，并把尝剩下的水倒掉。啜，就是尝，音为市税反，又音市悦反。岂不是因为水味淡而偏爱咸味了吗？餤，音古暂反，饐，音吐滥反，餤饐的意思是指无味。不要因为水无味而过分加盐，否则，不就成了特别喜欢盐味了吗！水第二沸时，可以先舀出一瓢水，再用竹筴在沸水中转圈不停地搅动，然后用"则"量茶末沿着沸水的中心投下。过了一会儿，沸水就会像奔腾的波涛一样翻涌，水沫四溅，这时可把刚才舀出的水加进去，让水停止沸腾，以保留茶汤里生成的"华"。

喝茶的时候，需要放几只碗，将茶汤里的浮沫平均地分舀到碗里。在《字书》以及《本草》中饽字都释为茶汤沫，音蒲笏反。这些"沫饽"就是茶汤的"华"。薄点叫"沫"，厚点叫"饽"，轻细点叫"花"。（花的外形）就像枣花漂浮在圆形的池塘上，又像新生的浮萍长在环绕曲折的水池、水洲之间，又似鱼鳞状的浮云在晴朗的天空中飘浮着。"沫"，好似绿苔漂浮在水边，又如菊花撒落入杯樽之中。"饽"，是煮茶的渣滓，水一沸腾，面上便堆起一层很厚的白色浮沫，像白雪堆积一般。《荈赋》中讲到"明亮如积雪，光灿似春花"，真是这样的。

第一次煮沸的水，要把浮沫上有层像黑云母样的膜去掉，否则喝茶的时候，会觉得味道不正。从锅里舀出的第一道水，称作"隽永"，隽，有"徐县反"与"全县反"两种读音。茶味喝起来最好的称作"隽永"，隽有"味"的意思，永有"长"的意思，意蕴深刻、耐人寻味就被称为"隽永"。《汉书》中说蒯通著有《隽永》二十篇。通常贮存于"熟盂"之中，用来在孕育茶汤之精华和止沸时使用。此后舀出的第一、第二与第三碗茶汤，味道都要差一些。第四、第五碗之外的茶汤，要不是特别口渴，就不要喝了。一般烧水一升，可以分作五碗。碗的数量

法门寺地宫出土的唐代宫廷金银茶具之茶罗子

少的为三个，多的加到五个。如果人多到十个，则增加到两炉。要趁热一气喝完，因为重浊不清的茶渣滓汇聚在茶汤的下面，而精华浮在上面，如果茶汤凉了，精华也就会随着热气散尽，如此饮茶，难以得到享受也很自然。

【点评】

煮茶的"风""雅""颂"

有人说，茶叶有三次生命：第一次是它生长在树上的那段日子；第二次是在茶农采摘、翻炒、揉捻，继而出落成自己特有的茶形的过程；第三次是品茗时用水滋润它，使它最后一次舒展身姿，以生命精华回报懂得欣赏它的人。所谓"汲来江水烹新茗，买尽吴山做画屏"。最佳的茶人和最美的茶叶相遇，是一种缘分。

人至中年以后，品味茶香，品味一片"水意的生活"，应该成为静心修养的一道必修课。

水与茶，茶与人，互相烘云托月，实在是妙极了的风雅搭配，将茶之文化推向了一个极致的高度。

日子是当下的好，风俗是过去的佳。古人烹茗煮茶的过程，是品味茶之风雅颂的过程。

风：候三沸

> 其沸，如鱼目，微有声，为一沸；缘边如涌泉连珠，为二沸；腾波鼓浪，为三沸。已上，水老，不可食也。初沸，则水合量调之以盐味，谓弃其啜馀。无乃䘓𪉗而钟其一味乎？第二沸，出水一瓢，以竹筴环激汤心，则量末当中心而下。有顷，势若奔涛溅沫，以所出水止之，而育其华也。

"水香鱼着眼"，这个场景写得非常微妙——先把水放在壶中烧。当水开始冒鱼眼小泡，微有沸声，是第一沸，随即加入适量盐；烧到壶内水边涌出连珠水泡，是第二沸，舀出一瓢水备用，随即用竹筴在水中旋搅，并用则量茶末放入旋涡中心；再烧一会儿，茶汤波涛翻腾，这是第三沸，这时将舀出的水倒入茶止沸，以育茶的精华——汤花沫饽。

古人只靠眼、耳判断水是否沸腾。皮日休的《煮茶》就写了"三辨"，诗曰："香泉一合乳，煎作连珠沸。时看蟹目溅，乍见鱼鳞起。声疑松带雨，饽恐生烟翠。……"茶是有生命的，就和人一样。每一道茶都有着各自的仪态、格调，还有灵性。陆羽显然对茶汤的层次相当敏感，这让他能一再演绎解释其中的妙处，也带给人们不一样的心灵感受。

雅：白花浮光凝碗面

说到趣味，陆羽的审美趣味实在是宽得可以，从"候三沸"到沫饽的汤花，他都观察细致，一个不落。陆羽将诸般细节铺陈清雅，几乎每一点都是有所依据的。他说：

> 沫饽，汤之华也。华之薄者曰沫，厚者曰饽，细轻者曰花。如枣花漂漂然于环池之上，又如回潭曲渚青萍之始生，又如晴天爽朗有浮云鳞然。其沫者，若绿钱浮于水渭，又如菊英堕于镡俎之中。饽者，以滓煮之，及沸，则重华累沫，皤皤然若积雪耳。

"沫饽，汤之华也。"句子虽短，却有很清晰的节奏和韵律。一道茶煮沸的时刻，应该也是最丰盈的时刻。慢慢地欣赏，心间渐渐开出摇曳生姿的花朵。

陆羽对煮茶时产生的沫饽，以鳞然白云舒卷在碧空、灿烂花卉漂浮于水上来形容，大加赞赏。由此人们可以想见，为何到宋代时，宋人逐渐风行斗茶，是以沫饽咬盏（消散慢）作为输赢的标准。非常清楚，他们只是在陆羽的基础上加以润色，再行云流水地走向新时代。

颂：酌分五碗

江南负责风雅，所以那些喝茶的场面也都具有灵性和雅趣。

周作人有"喝茶当于瓦屋纸窗下，清泉绿茶，用素雅的陶瓷茶具，同三二人共饮，得半日之闲，可抵十年的尘梦"的高论。读一读，也会让人兴冲冲起了茶兴。

周作人也是明晓《茶经》茶理的，他所说的"同三二人共饮"，即表明，喝茶的人不宜多，因为分茶的碗数原本就不能多，这也算是饮茶的细务。陆羽说：

> 凡煮水一升，酌分五碗。乘热连饮之，以重浊凝其下，精英浮其上。如冷，则精英随气而竭，饮啜不消亦然矣。

煮好茶后，将茶镀端离风炉，放到交床上，开始酌茶，用瓢在茶镀中舀茶，向茶盏中分茶。一升水只酌五碗，趁热喝完，这样才不致"精英随气而竭"。分茶的时候，特别要注意沫饽均匀，薄的沫、厚的饽和细轻的花共分为三类，总称"华"，这是茶汤的精华，所谓"一瓯春雪胜醍醐"。喝下去，是不是感觉自己可以像菩萨一

宋 耀变天目

样拈花微笑了？想象那是何等的风神俊茂而又清逸不凡。

　　茶艺的游戏三昧，原本就是人生的一部分，这正是茶或者中国美学的微意所在。

【原文】

　　茶性俭，不宜广，广则其味黯澹。且如一满碗，啜半而味寡，况其广乎。其色缃也，其馨致也。香至美曰致，致音使。其味甘，槚也；不甘而苦，荈也；啜苦咽甘，茶也。一本云：其味苦而不甘，槚也；甘而不苦，荈也。

【译文】

　　茶的性质俭约，不宜多加水。多加水，茶的味道就会变淡，甚至没有味道。就像一满碗茶，喝了一半之后，就觉得味道淡了些，

何况多加水呢？茶汤的颜色呈浅黄色，香气四溢。香味特别好的称作
馥，馥读作"使"。口味甜的是"槚"，口味不甜而苦的是"荈"；喝时
带有苦味，咽下去又感觉有余甘的是"茶"。另外有种版本说："口味苦而
不甜，称'槚'；口味甜而不苦，称'荈'。"

【点评】

舌尖上的茶滋味

"茶"，并不是唐人的创造，却由陆羽赋予了雅的品质。

在《五之煮》中，陆羽说道：

> 茶性俭，不宜广，广则其味黯澹。且如一满碗，啜半而味
> 寡，况其广乎。

把茶的性质与饮茶的感受合在一起，把物质性的茶叶提升到精
神性的茶饮之道，使得饮茶带有强烈的文化意涵，与清高、文雅、
俭朴、敬谨等意识范畴连在一起，进入了"清风明月"的境界。

日本茶道发展到最高境界，千利休提出的四字真言"和清敬
寂"也是沿着这个脉络而来。

陆羽描述茶汤的颜色"其色缃也"是有意境的，这个"缃"
字，干净得如小家碧玉，是一种淡黄色。这种茶汤的颜色尤为引
人，让人眼前仿佛浮现那份清洁雍容的水气，婉转地升了起来。人

们可以得知陆羽讲究茶汤的颜色，实际是为了去寻求一份清洁雅淡的风流。他从这些本来属于日常生活的细节中提炼出高雅的情趣，并为后世奠定了风雅的基调。

好茶胜过药石。说完茶汤的颜色，陆羽自然地转向谈起茶的滋味。

苦味被茶人列为五味之中的"至味"，而茶是苦味之上首。饮茶而品苦滋味是不可多得的。诗经中《邶风·谷风》："谁谓荼苦，其甘如荠。"陆羽也说：

其味甘，槚也；不甘而苦，荈也；啜苦咽甘，茶也。

原来嘉木真是有灵性的，陆羽说"啜苦咽甘"才是好茶的特征。这种甘，并非糖的甜味，而是一种醇而爽的感觉。而"味甘"或"不甘而苦"的，只是"荈"或"槚"。

由苦茶，想起的是明代理学家、文学家李贽的《茶夹铭》，以其审美感悟讴歌茶性的清苦之美：

我无老朋，朝夕惟汝；世间清苦，谁能及子？逐日子饭，不辨几钟。每夕子酌，不问几许。夙兴夜寐，我愿与子始终。子不姓汤，我不姓李；总之，一味清苦到底。

寒香含微苦，最有秋的意味。

现代文学中，周作人有"旁人若问其中意，且到寒斋吃苦茶"；闻一多有"我的粮食是一壶苦茶"。因为茶的苦味比其他诸味更能描述现实心境，文人们更爱将笔触轻点其上。

对苦的感受那么深切，并不让人奇怪。正如台湾茶人李曙韵在《茶味的初相》中所说："所谓苦水不去香不来，苦味是香气的骨架，一如梁柱之于房舍，抽离了苦味，游离在空气中的香气将显得抽象而恍惚。"她将苦味喻为"茶汤之眼"，也别有一番滋味。

苦味尤佳，苦味能让回忆变得细长。

有一种苦藤茶，就是一种"啜苦咽甘"的滋味。才饮完茶，不知不觉地，乡愁就漫溢着上来了，在身体里翻卷着。

六之饮

茶饮之风华

【原文】

翼而飞，毛而走，呿而言，此三者俱生于天地间，饮啄以活，饮之时义远矣哉！至若救渴，饮之以浆；蠲忧忿，饮之以酒；荡昏寐，饮之以茶。

茶之为饮，发乎神农氏，闻于鲁周公。齐有晏婴，汉有扬雄、司马相如，吴有韦曜，晋有刘琨、张载、远祖纳、谢安、左思之徒，皆饮焉。滂时浸俗，盛于国朝，两都并荆渝间，以为比屋之饮。

饮有粗茶、散茶、末茶、饼茶者。乃斫、乃熬、乃炀、乃舂，贮于瓶缶之中，以汤沃焉，谓之痷茶。或用葱、姜、枣、橘皮、茱萸、薄荷之等，煮之百沸，或扬令滑，或煮去沫，斯沟渠间弃水耳，而习俗不已。

【译文】

有翅膀能飞翔的禽类，长毛能奔跑的兽类，开口能讲话的人类，这三类生物都在天地间生长，依靠喝水、吃食物来维持生命。可见"饮"有着重要的作用，意义深远。为了解渴，需要喝水；为了消愁解闷，需要喝酒；为了提神醒脑，消除困乏，需要喝茶。

茶作为一种饮料，起始于神农氏，在鲁周公的时候有了文字记载而广为人知。春秋时齐国的晏婴，汉代的扬雄、司马相如，三国时吴国的韦曜，晋代的刘琨、张载、陆纳、谢安、左思等人，都喜欢喝茶。后来饮茶逐渐形成一种风气，到了本朝，达到极盛。在西安、洛阳两个都城，还有荆州、渝州等地，茶成为家家户户都喜欢喝的饮品。

清 竹雕茶叶罐

茶的种类分为粗茶、散茶、末茶、饼茶。（饮用饼茶）要经过砍、蒸煮、焙干、捣碎等加工工序，然后存放到瓶罐之中，用开水冲泡，被称为"夹生茶"。有的人加进葱、姜、枣、橘皮、茱萸、薄荷等与茶一起反复煮很长的时间，把茶汤扬起，使之变清，或者煮开之后去掉茶上的"沫"，这样一来，茶就如同倒在沟渠里的废水，可是这种习俗却流传不止。

【点评】

荡昏寐，饮之以茶

盛夏的空气中，充溢有水雾轻浮的清淡气味，周围绘有浅淡的背景：船只来往，人声鼎沸，茶的气息已渗透到了市井生活的方方面面，如水墨画卷般铺陈……茶是这个喧嚣躁动时代的一个温润的慰藉。

读《茶经》，就像从春至夏，有时读全集，有时读选集，有时读语录。如果抽一段《六之饮》来读，会读出些许古文风范的兴味。陆羽也许是无意为美文的，他只是想写出茶的一些文化意义，一些审美境界，一些历史渊源，一些饮茶方法，但没有想到枝节蔓延处，竟开出一朵美之花来：

> 翼而飞，毛而走，呿而言，此三者俱生于天地间，饮啄以活，饮之时义远矣哉！至若救渴，饮之以浆；蠲忧忿，饮之以酒；荡昏寐，饮之以茶。

唐代诗人施肩吾有诗说："茶为涤烦子，酒为忘忧君。"作为洗涤人的精神烦恼的"茶饮"一词，自古以来流传有序。

每个朝代均有主流茶饮方式，在饮茶仪式与审美关注上，唐宋时期与明清时期不能一概而论，须仔细区别对待。

古人原先喝茶是很粗放的，到了唐代，才渐渐讲究起来，注意调整与优化喝茶的方式——他们将茶与葱、姜、枣、橘皮、茱萸、薄荷之类的放在一起煮饮，如此还不够，还会加盐。

一直到了陆羽时代，才恢复了茶之清饮清心的本性。

对于一个茶文化的爱好者，可以令人欣喜地看到陆羽对唐代茶饮细腻的描绘，以及他漫不经心地梳理着茶饮的生活方式。

唐代用来煎茶的茶叶多种多样，经得起当时懂茶人挑剔眼光的考验。在陆羽生活的年代，成品茶有粗茶、散茶、末茶、饼茶四种，其中以饼茶为中心的饮茶生活最为普及：

> 饮有粗茶、散茶、末茶、饼茶者。乃斫、乃熬、乃炀、乃舂，贮于瓶缶之中，以汤沃焉，谓之痷茶。

除了陆羽本人提倡的"煮茶法"外，还分别可以采用"斫""熬""炀""舂"的方法，分别处理"粗茶""散茶""末茶""饼茶"的煮饮方法。

粗茶如小说，饮的时候采用"斫"的方法。把茶叶连枝带梗地砍下来，一起用刀切碎，放在锅里煎煮。这是最粗放的煮饮法。

散茶似散文，饮的时候采用"熬"的方法。散茶是采摘茶树上的嫩芽新叶，或不经加工，直接放在锅里熬，煮汁而饮；或经炒干，再放在锅里熬。

末茶像诗，饮的时候采用"炀"的方法。把茶叶采摘下来，经烘烤干燥，碾研成末后煮饮。

饼茶为随笔，饮的时候采用"舂"的方法。煮时把饼茶捣碎成末，整个过程干干净净、清清爽爽。

除此之外，还有一种饮茶方式，即将茶末放入瓶缶，加入汤水浸泡，这样的叫"淹茶"。听上去，该是饮茶中的小品文了。如此，仿佛可以细水长流地将茶路走下去。

而民间，因为重视茶的药用作用，喜欢"混茶"（与葱、姜、枣、橘皮、茱萸、薄荷等一起久煮之茶）。

陆羽天生懂得组合之美，他主张饮茶法，就是饮用体现茶本性的、真香真味的茶，简洁说来，可称之为"清饮品茗法"。具体说来，就是茶有天然的香味，不需要另外添加香料，以防止失掉天然的茶香。如果有人在点茶的时候加入少量的冰片和油脂，来增加茶的香味，这是不可取的。

由于陆羽的倡导，茶摆脱了杂饮，摒弃"浑以烹之，与夫瀹蔬而啜者无异"的粗放式饮茶，上升为细煎慢品的饮茶之道。

"荡昏寐，饮之以茶。"陆羽教导人们学会喝茶，爱茶的人，都要有曲径通幽的内心。"流华净饥骨，疏瀹涤心源。"（颜真卿《月夜啜茶联句》）长盛不衰的饮茶文化，流传数千年而弥新。

古代的茶人煮茶煎饮，看似了无设计，却又清新动人，而现今的茶人，饮茶品茗有些刻意描摹，缺少了一点古人的随性和灵动。

茶已成为人们的一种生活方式：一盏清茶，自酌，对饮，消受清福，畅叙幽情。在现代生活纷繁的头绪中，一盏清绿使人们隔绝尘嚣，了悟人生。

浮生偷闲吃茶去，陆羽为人们的精神生活开辟的饮茶之道，将成为人们回归自然的明灯。

【原文】

於戏！天育万物，皆有至妙。人之所工，但猎浅易。所庇者屋，屋精极；所著者衣，衣精极；所饱者饮食，食与酒皆精极之。茶有九难：一曰造，二曰别，三曰器，四曰火，五曰水，六曰炙，七曰末，八曰煮，九曰饮。阴采夜焙，非造也；嚼味嗅香，非别也；膻鼎腥瓯，非器也；膏薪庖炭，非火也；飞湍壅潦，非水也；外熟内生，非炙也；碧粉缥尘，非末也；操艰搅遽，非煮也；夏兴冬废，非饮也。

【译文】

啊！天生万物，都有其精妙之处。人们所擅长的，只是那些容易做的。人们居住的处所是房屋，就将房屋建造得很精致；人们所穿的是衣服，就将衣服裁制得极其精美；人们用来充饥的是饮食，就将食物和酒都制作得极其精美。（而饮茶呢？却不擅长。)茶有九个关键环节：一是制造，二是鉴识，三是器具，四是火力，五是水质，六是烤炙，七是碾捣，八是烹煮，九是饮用。阴天采茶，夜间焙烤，属于制茶方法不当；仅凭口嚼辨别茶味，用鼻子闻辨茶香，属于鉴别茶的方法不当；用沾了腥膻气味的锅与盆来煮茶，属于盛茶的器具不当；用有油烟味的柴和烤过肉的木炭，属于烧茶的炭火不当；用湍急奔流或停滞不流的水来烹茶，属于烧茶的用水不当；饼茶炙烤时，外熟而内生，属于炙烤方法不当；捣得太细，成了绿色的粉末，属于捣碎不当；操作不熟练，搅动太急躁，属于烹茶的方法不当；夏天喝茶，冬天不喝茶，属于饮茶方法不当。

【点评】

茶有九难

"於戏！天育万物，皆有至妙。人之所工，但猎浅易。"陆羽明显是对当时杂以他味、损伤茶味的流行饮法扼腕叹息，也仿佛是把自己的阅世感受用片段式的文字表达出来。

有些文风雅渊值得怀想，陆羽坚持喝茶应该有其"道"，但泡茶人的心境会影响茶之味。可是他也明白，喝茶要保持本色，中规中矩，并非易事。因此，他说"茶有九难"：

茶有九难：一曰造，二曰别，三曰器，四曰火，五曰水，六日炙，七日末，八日煮，九日饮。阴采夜焙，非造也；嚼味嗅香，非别也；膻鼎腥瓯，非器也；膏薪庖炭，非火也；飞湍壅潦，非水也；外熟内生，非炙也；碧粉缥尘，非末也；操艰搅遽，非煮也；夏兴冬废，非饮也。

很有点像连锁反应，陆羽分别从制造、识别、器具、火力、水质、炙烤、捣碎、烤煮、品饮等九个方面去说茶有九难。

饼茶煎饮讲究精美，而要真正达到精美，要讲究饮茶之道，就要明白这"九难"。要知道饮茶是一种艺术，饮茶有一种境界，必须克服九难，不宜鲁莽从事。

茶文化里的信息庞大而丰富，陆羽循着"九难"，仔细阐述茶道必须遵循的步骤，在细节里，将饮茶之道的作用放大了：

"阴采夜焙，非造也"——在制茶过程中，如果到了阴雨天才去采茶叶，到了天黑才去焙茶，这根本不是制茶的方法；

"嚼味嗅香，非别也"——只把茶叶拿来嚼一嚼，闻一闻，算不上真正会鉴别茶叶；

"膻鼎腥瓯，非器也"——煮茶的锅若是煮过牛羊肉，茶碗沾了膻腥气味，都不能用作煎茶饮用的茶具；

"膏薪庖炭，非火也"——有油烟的柴和沾染了油腥气味的炭，都不是活火，都不宜做炙烤、煎煮茶的燃料；

"飞湍壅潦，非水也"——瀑布激流，或是一滩壅塞的死水，都不是活水，不能作为煮茶用水；

"外熟内生，非炙也"——烤炙饼茶，如果外面烤熟了，里头还是生的，那就是炙法不得当；

"碧粉缥尘，非末也"——研磨饼茶不按规矩，乱磨一气，大小不均，磨出来青绿色的粉末和青白色的茶灰，是碾得不好的茶末；

"操艰搅遽，非煮也"——煮茶的时候操作不熟练，搅动速度过快，就煮不出好茶汤；

"夏兴冬废，非饮也"——饮茶应持之以恒，夏天饮，冬天停，是不明饮茶之道。

"临风一啜心自省。"不论是品饮"啜苦咽甘"的茶汤也好，还是啜饮"珍鲜馥烈"的茶汤也罢，只须知，从采摘茶的鲜叶开始，一直到喝上茶，均是不容易的。从选茶、炙茶、煮茶、饮茶及至煎茶的水、煮茶之炭，无一不求精、求工，节奏是那样的协调统一，一丝不能乱，一寸不能错。只有爱茶懂茶之人，才能将茶性诠释得无比清晰，才能享受饮茶时的淡然与超然。

关于茶，其中的工艺流程有许多道理和方法，要去一道一道地把握，唯有懂"茶之九难"，唯有过"茶之九难"，才能入得陆羽茶道之堂奥，像品茶一样回归素简淡定的本心。

【原文】

夫珍鲜馥烈者，其碗数三；次之者，碗数五。若座客数至五，行三碗；至七，行五碗；若六人已下，不约碗数，但阙一人而已，其隽永补所阙人。

【译文】

珍贵鲜美馨香的好茶，（一炉）只能煮三碗；口味差一些的，也只能煮五碗。假如喝茶的客人有五位，就煮三碗传着喝；客人有七位，就煮五碗传着喝；假如客人有六位，可以不计碗数，只要按缺一人的来煮就行，可用"隽永"之水来补给那个人。

【点评】

俭约的饮茶之道

"僮小能供茗，人闲欲种花。"如果有一间自己的茶屋，在茶屋里沉静和舒缓自己。有一杯好茶，便能万物静观皆自得。

陆羽提出饮茶要体味精奥，悟得真谛及自然之道，应以清饮为佳。

品茶是个仪式感很强的事情，任何细节都不能错过。在《六之饮》中，陆羽讲到如何安排茶席，如何烹煮茶汤：

> 夫珍鲜馥烈者，其碗数三；次之者，碗数五。若座客数至五，行三碗；至七，行五碗；若六人已下，不约碗数，但阙一人而已，其隽永补所阙人。

陆羽认为"茶性俭，不宜广。"要想把茶汤做得珍鲜馥烈，喝起来芳香无比，一则茶粉就只能做三碗，最为上选。再差一点，做五碗，不能做多。假如座客是五个人，就做三碗茶大家分；假如来了七个人，情况差一点，只好做五碗茶大家分。这就是茶席上的俭约之道。

喝茶懂得俭约，这样的饮法是静心品味，不仅是为了止渴。茶道的清和，正是从品饮人数和品饮容量上体现出来的。所以，认真学习饮茶，遵循陆羽开启的饮茶俭约之道，可以由审美境界的体会，进入一种清逸脱俗、高尚幽雅的品茗意境。

按照陆羽的说法，在茶事里，一起喝茶的人总共也不过四五人。他在为人们常常忽略的东西寻找一种崭新的感受。

陆羽把唐朝茶的美学话语做了细微的规制，甚至给出了品茶书写的范畴。也是承袭古人"洗茶"之遗风，后辈苏东坡，有诗来进一步强化这一美学："禅窗丽午景，蜀井出冰雪。坐客皆可人，鼎器手自洁。"

陆羽讲品茶的精粗之道，讲的是文化涵养在日常生活中的表现，与《红楼梦》里妙玉批评贾宝玉乱喝茶是"牛饮"，着眼点相同。喝茶不只是喝茶，也是文化修养的展现，于是就有了品茶的艺术。

陆羽倡导茶人饮茶时，心要平静，意念要集中，因而陶冶了情操，平和了心境，达到自我节制、自我修养、精行俭德的境界。

"茶性俭，不宜广。"陆羽无心插柳地为茶文化留下了珍贵的一笔。

"为饮最宜"乃《茶经》之眼。在今天，隽永的茶味，在陆羽茶道的调弄中，更是人们别样的生活况味。

茶是邂逅。茶香氤氲，茶烟变幻，勃勃的生机在流转。一旦喝了茶，醍醐、甘露之类的上古绝妙饮品都要做出让步，成为附庸。

发上等愿，结中等缘，享下等福，安安稳稳地坐下来喝一杯清茶。

这样的茶，有一种定力，一下子把蓬勃的时光都收紧了，收到茶里，清茶便也变了颜色，晕染着时光和岁月的底蕴。

它们的底色是朴实厚重的，也让人们在这个喧嚣的世界，尚能享受一丝难得的清闲。

茶经

秋

七之事

迷离的茶事

深秋天高气爽，细腻如幽静的青瓷。桂花簌簌地落下来，落在碧绿的龙井茶水里。

这样的季节，茶的香气是厚道的，像忠实的琴音，一点一点的香气，顺着琴音汇聚到凹处。那斑驳古雅的茶事，让人沉浸，回味不已。

可以和爱茶的友人在西湖边，坐在玉兰树下喝茶聊天，一股茶香会在齿间回荡，清幽淡雅得像玉兰的沉香。

一碗喉吻润；二碗破孤闷；三碗搜枯肠，唯有文字五千卷；四碗发轻汗，平生不平事，尽向毛孔散；五碗肌骨清；六碗通仙灵；七碗吃不得也，唯觉两腋习习清风生。

翻开《茶经》，像翻开一部灿烂中国的辉煌茶史。读到第七节，

北宋　张激《白莲社图》（局部）

正如卢仝的《茶歌》那般，"唯觉两腋习习清风生"。且顺着陆羽
《七之事》里讲述的茶文化，慢慢回溯一些事实，抒发胸中的块垒，
深情而诗意。

【原文】

　　三皇：炎帝神农氏。

　　周：鲁周公旦，齐相晏婴。

　　汉：仙人丹丘子，黄山君，司马文园令相如，扬执戟雄。

　　吴：归命侯，韦太傅弘嗣。

　　晋：惠帝，刘司空琨，琨兄子兖州刺史演，张黄门孟
阳，傅司隶咸，江洗马统，孙参军楚，左记室太冲，陆吴兴

纳，纳兄子会稽内史俶，谢冠军安石，郭弘农璞，桓扬州温，杜舍人毓，武康小山寺释法瑶，沛国夏侯恺，馀姚虞洪，北地傅巽，丹阳弘君举，乐安任育长，宣城秦精，敦煌单道开，剡县陈务妻，广陵老姥，河内山谦之。

后魏：瑯琊王肃。

宋：新安王子鸾，鸾弟豫章王子尚，鲍昭妹令晖，八公山沙门谭济。

齐：世祖武帝。

梁：刘廷尉，陶先生弘景。

皇朝：徐英公勣。

【译文】

上古三皇时代：炎帝神农氏。

周朝：鲁国周公姬旦，齐国国相晏婴。

汉朝：仙人丹丘子，黄山君，孝文园令司马相如，给事黄门侍郎（执戟）扬雄。

三国吴：归命侯孙皓，太傅韦曜。

晋朝：晋惠帝，司空刘琨，刘琨兄长之子、衮州刺史刘演，黄门侍郎张载，司隶校尉傅咸，太子洗马江统，扶风参军孙楚，记室参军左思，吴兴人陆纳，陆纳兄长之子、会稽内史陆俶，冠军谢安，弘农太守郭璞，扬州牧桓温，舍人杜毓，武康小山寺和尚法瑶，沛国人夏侯恺，馀姚人虞洪，北地人傅巽，丹阳人弘君举，乐安人任育长，宣城人秦精，敦煌人单道开，剡县陈务之妻，广陵老妇人，河内人山谦之。

后魏：瑯琊人王肃。

南朝宋：新安王刘子鸾，刘子鸾之弟（兄）豫章王刘子尚，鲍照之妹鲍令晖，八公山僧人谭济。

南朝齐：齐世祖武帝。

南朝梁：廷尉刘孝绰，陶弘景先生。

唐朝：英国公徐勣。

【点评】

茶事经纬

"酒壮英雄胆，茶助文人思"，中国的茶文化与历代文人学士有着千丝万缕的联系。茶史一页一页地翻过去，故事也一幕一幕地变换着场景。其实，关于茶的文章都很好看，也很有趣。陆羽记载茶的起源事无巨细，想来是深思熟虑之后才下笔的。

其中杂糅着神话、传说、历史、故事、诗词、典故，让人一遍一遍地温习古人对茶的态度。

陆羽的文字有温度，所记录的茶事，总是可圈可点。他会记下有关茶的一些鲜活的细节，视角亲切而细致。那些关于茶的史实，他是那么熟稔，花费了大半辈子的光阴，记录起来自然津津有味。

《七之事》一节，是从炎帝神农氏开始，循着茶的历史，以嗜好饮茶的名人轶事为经线，以茶的产地和药效等为纬线，有序编织出了一幅幅场景：

> 三皇：炎帝神农氏。
> 周：鲁周公旦，齐相晏婴。
> 汉：仙人丹丘子，黄山君，司马文园令相如，扬执戟雄。
> 吴：归命侯，韦太傅弘嗣。
> ……

陆羽历数周公旦、齐相晏婴、汉代仙人丹丘子、黄山君、司马相如、扬雄等人的逸事。春秋时晏婴以茶为廉，晋朝刘琨以茶解闷，东汉华佗以茶入药……像是印象派笔法，随心散记，却又从容叙来，有条不紊。有的三言两语，让人想到古人短帖，用字清透、闲淡；有的深入开来，像是序跋，只拣精妙之处叙说。

尤值一提的是，《茶经》中第一位弘扬茶文化的人物是鲁周公。他是周文王姬昌的儿子、周武王姬发的弟弟，武王死后，他辅佐武王的儿子成王，改定官制，制作礼乐，完备了周朝的典章文物。在伐纣灭商之后，他曾被封于曲阜，是为鲁公，但未就封。后来他的采邑在成周，后世又尊称为"周公"。在《六之饮》中，陆羽也说："茶之为饮，发乎神农氏，闻于鲁周公。"

陆羽说茶最宜精行俭德之人。人们需要借茶来立身正德，也是从鲁周公开始的。鲁周公就是典型的精行俭德之人。可见，茶之为饮闻于鲁周公，人们开始以茶求道。

陆羽对茶的重视达到了精微的程度，这一节从多层次、多角度讲述故事。有文人，有雅士，有史家，有学者，有诗人，有画家，有医生，有道士，有才子，有女流，有长者，有少儿……他引诗，引史书，引古文，引寓言，引传说，引传记，引图经，全都是围绕茶泛泛而谈。将这些元素轻松地融合在一起，也只有《七之事》才可以做到。

陆羽的内容自有简洁处，文字的过场很轻捷，对话短平快，一文论一事，或一物，或一景，文字入口很小，都是边角余事，像是关于茶人茶事的眉批、间注、夹注、夹批、脚注、旁注……有极简的，也有极繁的；有冷肃的，也有温热的；有直白的，也有隐晦的；有粗犷的，也有典雅的；有像写一篇小说的，也有可以做诗歌标本的……难以言尽的茶事，如同那些灌木溪涧的阴影与回声，慢慢唤起对古人饮茶的一些回忆。

厚古薄今的气息不会就此搁置。《七之事》里，记载的并不都是一些著名的人物，有些可以说是很没有名气的，其中的作品，像书摘一般，只撷取茶事中最重要的片段。能在无意间抓住茶人茶事的精华，正是陆羽这部笔记小品的妙处。

养鹤还知相，煎茶亦著经。公元775年，陆羽对《茶经》原稿进行了一次大幅度修改，尤其对初稿中的《七之事》做了增订，至此，《茶经》遂成定稿。

陆羽死后不久，据唐《国史补》所载："巩县陶者，多为瓷偶人，号陆鸿渐，买数十茶器，得一鸿渐。"以此可知，民间已经开始制作陆羽陶像，将之奉为"茶神"了。《新唐书·陆羽传》中也说："时鬻茶者，至陶羽形置炀突间，祀为茶神。"晚唐年间的茶店，将陆羽陶像供奉在茶水灶上，生意不好时，便以沸水浇灌陶像，以求茶神保佑相助。

看陆羽的茶事格物之书，会觉得他很博学，而且洞悉八卦，说白了，便是"涉世"的书生。他如玩拼图一样，拾撷史料，试图拼凑出清晰的图景，有关茶事的细节就这样被记录，被有机地串连，使一些情景再度复活。所有这些，都使得《七之事》一节弥漫着一

白釉瓷黑彩陆羽像（中国国家博物馆藏）

股深重、远古的气息。

【原文】

《神农食经》:"茶茗久服,令人有力悦志。"

周公《尔雅》:"槚,苦茶。"

《广雅》云:"荆巴间采叶作饼,叶老者,饼成,以米膏出之。欲煮茗饮,先炙令赤色,捣末置瓷器中,以汤浇覆之,用葱、姜、橘子芼之。其饮醒酒,令人不眠。"

《晏子春秋》:"婴相齐景公时,食脱粟之饭,炙三戈、五卵、茗、菜而已。"

司马相如《凡将篇》:"乌喙,桔梗,芫华,款冬,贝母,木蘖,蒌,芩,草芍药,桂,漏芦,蜚廉,雚菌,荈诧,白敛,白芷,菖蒲,芒消,莞椒,茱萸。"

《方言》:"蜀西南人谓茶曰荈。"

《吴志·韦曜传》:"孙皓每飨宴,坐席无不率以七胜为限,虽不尽入口,皆浇灌取尽。曜饮酒不过二升,皓初礼异,密赐茶荈以代酒。"

《晋中兴书》:"陆纳为吴兴太守时,卫将军谢安常欲诣纳,《晋书》云纳为吏部尚书。纳兄子俶怪纳无所备,不敢问之,乃私蓄十数人馔。安既至,所设唯茶果而已。俶遂陈盛馔,珍羞必具。及安去,纳杖俶四十,云:'汝既不能光益叔父,奈何秽吾素业?'"

156

《晋书》："桓温为扬州牧，性俭，每宴饮，唯下七奠拌茶果而已。"

《搜神记》："夏侯恺因疾死。宗人字苟奴，察见鬼神，见恺来收马，并病其妻。著平上帻、单衣，入坐生时西壁大床，就人觅茶饮。"

刘琨《与兄子南兖州史演书》云："前得安州干姜一斤、桂一斤、黄芩一斤，皆所须也。吾体中溃闷，常仰真茶，汝可置之。"

傅咸《司隶教》曰："闻南市有蜀妪作茶粥卖，为廉事打破其器具。又卖饼于市。而禁茶粥以困蜀妪，何哉？"

《神异记》："馀姚人虞洪入山采茗，遇一道士，牵三青牛，引洪至瀑布山。曰：'予，丹丘子也。闻子善具饮，常思见惠。山中有大茗，可以相给，祈子他日有瓯牺之馀，乞相遗也。'因立奠祀。后常令家人入山，获大茗焉。"

【译文】

《神农食经》："长期饮茶，使人精力充沛，心志畅悦。"

周公《尔雅》："槚，就是苦茶。"

《广雅》中说："荆州、巴州一带，采茶制作成饼茶，叶子老的，制作成饼茶后，要用米汤来浸泡。如果想要煮茶喝，先烤饼茶，使它呈现红色，然后捣成茶末放入瓷器之中，用开水冲泡，有的放些葱、姜、橘子等佐料混合着煎煮。喝茶可以醒酒，也使人兴奋难以入眠。"

《晏子春秋》："晏婴当齐景公的国相时，吃的是粗粮，几种烧烤的禽类的肉、蛋和茗、菜，除此以外，只是喝茶。"

汉司马相如《凡将篇》：（在药物类中记载有）"乌喙、桔梗、芫华、款冬、贝母、木蘗、蒌、芩、草芍药、桂、漏芦、蜚廉、藿菌、荈诧、白敛、白芷、菖蒲、芒硝、莞椒、茱萸"等草药。

汉扬雄《方言》："蜀西南人把茶叶叫作荈。"

三国《吴志·韦曜传》："孙皓每次设宴的时候，规定在座的每个人都要饮七升酒，即使不能全喝完，也要把酒倒进嘴里，表示全喝了。韦曜的酒量不超过二升，孙皓当时非常照顾他，暗中赐他茶，用来代酒。"

《晋中兴书》："陆纳任吴兴太守时，卫将军谢安常想去拜访他。陆纳的兄长之子陆俶心里怪他不做什么准备，但又不敢质问他，便暗自准备了十多人的菜肴。谢安来了之后，陆纳只用茶和果品来招待，陆俶于是摆上丰盛的菜肴，各种佳肴美味非常齐备。等到谢安走后，陆纳打了陆俶四十板子，说：'你既然不能让你叔父我的品行增添光彩，为何还要破坏我廉洁朴素的名声呢？'"

《晋书》："桓温担任扬州牧，本性节俭，每次宴请客人，只摆设七个盘子的茶食、果品罢了。"

《搜神记》："夏侯恺因病去世了，族人中一个叫苟奴的人，有能看见鬼魂的法力，他看见夏侯恺来取马匹，把他的妻子也染上了病。苟奴看见夏侯恺戴着平上帻，穿着单衣，进屋坐到生前时常坐的靠西墙的床位上，并向人要茶喝。"

刘琨《与兄子南兖州史演书》说："前些时候收到你寄来的安州干姜一斤、桂一斤、黄芩一斤，都是我需要的。我心烦意乱，精神不好，经常仰仗真正的好茶来提神解闷，你可以为我多购买一些。"

傅咸《司隶教》说："听说剑南蜀郡有一老婆婆煮茶卖，因廉事把她的器具打破了，又在市上卖饼。禁止老婆婆在市上卖茶粥，使她陷入困境，这究竟是为什么呢？"

《神异记》："馀姚人虞洪进山采茶，遇见一位道士，牵着三头青牛，他将虞洪带到瀑布山前，对他说："我是丹丘子。听说你善于煮茶，很想沾沾你的光。山中有棵大茶树，可以供你采茶。希望你以后把那喝剩的茶，留些给我喝。"虞洪因此设立祠祭祀那位道士。后来，他常叫家人进山，果然找到了那棵大茶树。"

【点评】

茶馔之美

日本的小林一茶写过："谁家莲花吹散，黄昏茶泡饭。"这是很好的句子，也是很好的养生茶饭。吃得太过油腻，便可以茶入味，消解一下。

又说："莲花开矣，茶泡饭七文，荞麦面二十八。"读罢，有周作人所说的"平淡而甘香的风味"。

茶馔，顾名思义，就是以茶入馔。早在东晋时期，就出现了对用茶煮食的"茗粥""茗菜"的记载，这可能是茶馔的最早雏形。

自古以来，就有人痴迷于可饮之物的搭配，总在试图搭配出完美的茶饮。如，据《桐君采药录》记载：

> 西阳、武昌、庐江、晋陵好茗，皆东人作清茗。茗有饽，饮之宜人。凡可饮之物，皆多取其叶，天门冬、拔葜取根，皆益人。又巴东别有真茗茶，煎饮令人不眠。俗中多煮檀叶并大皂李作茶，并冷。又南方有瓜芦木，亦似茗，至苦涩，取为屑茶饮，亦可通夜不眠。煮盐人但资此饮，而交、广最重，客来先设，乃加以香芼辈。

在经历了无数原料的拼配后会发现，完美的茶饮是不存在的，不如退而求其次，按照各取所需的方式来做搭配。照着这样一种良性的方式，反而可以使这件事更好地延续下去。

古人原先喝茶是很粗放的。这番变革并非一朝一夕，而是经历了一个持久的过程。顺着《七之事》里的记载思路，可以理一个大致的脉络：

> 《广雅》云："荆巴间采叶作饼，叶老者，饼成，以米膏出之。欲煮茗饮，先炙令赤色，捣末置瓷器中，以汤浇覆之，用葱、姜、橘子芼之。其饮醒酒，令人不眠。"

清 乾隆御制《竹炉山房图》，1753 年（北京故宫博物院藏）

三国时，魏国张揖续补《尔雅》的这本书，是中国关于制茶和饮茶方法的最早记载。从文中可知：古人的饮茶方法是"煮"，在荆、巴一带，将"采叶作饼"的饼茶，烤炙成赤色之后，在瓷器中捣成茶末，再掺上葱、姜，并且拌上橘子等调料，然后放到锅里烹煮。这样煮出的茶成粥状，饮时连佐料一起喝下。而且明确指出茶叶可以用来醒酒，会使人难以入眠。从中也可以看出从羹饮法向冲饮法过渡的痕迹。

《晏子春秋》则说："婴相齐景公时，食脱粟之饭，炙三戈、五卵、茗、菜而已。"身为一国之相，晏婴为国事忙碌，鞠躬尽瘁，连饮食也很草率，只吃一些简单的饭菜，其中就包括有茶。

司马相如的《凡将篇》记载了一些药物，有些是人们熟悉的，如桔梗、款冬、贝母、芍药、桂、白芷、菖蒲、茱萸等，有些则陌生些，如木蘖、蒌、芩草、漏芦、蜚廉、雚菌等。"荈诧"为茶名，列入其中，可见它有药效，让人自然联想到茶的"一芽一叶总关情"。

茶有药效，向来有所佐证。如胡文焕的《茶集》里娓娓道说："茶至清至美物也，世皆不味之，而食烟火者又不足以语此。医家论茶性寒能伤人脾。独予有诸疾，则必借茶为药石，每深得其功效。"就详细说明了茶为药石的金色品质。

到了唐代，人们才渐渐将喝茶讲究起来。由粗饮转为清饮是茶文化史上的一次大变革。虽只是饮法的改变，但在社会生活中引起的变化却很大。这时，人们注意调整与优化喝茶的结构——他们将茶与葱、姜、枣、橘皮、茱萸、薄荷之类，放在一起煮饮，如此还不够，还会加盐。只是，如果现在有人用这些，就会被人大大取笑。

其实，以茶入馔，一直是件很风雅、很具诱惑力的事情，除了必需的茶品、茶器外，更重要的是参与者的文化雅趣和道德情操。

天下厚味往往藏匿于极端，人间美味大多存于细节烦琐之处。茶馔也是如此，可通过茶之本味，诱导出食物的香气和滋味来。

不唯如此，佐茶的小食也极有讲究，不宜随便添加损害茶香、茶味、茶色的点心、果脯之类，这样才能保证品尝到茶叶真正的味道。如高濂在《遵生八笺》里记："茶有真香，有佳味，有正色。烹点之际，不宜以珍果香草杂之。夺其香者，松子、柑橙、莲心、木瓜、梅花、茉莉、蔷薇、木樨之类是也。夺其色者，柿饼、胶枣、火桃、杨梅、橘饼之类是也。凡饮佳茶，去果方觉清绝，杂之则味无辨矣。若欲用之，所宜则惟核桃、榛子、瓜仁、杏仁、榄仁、栗子、鸡头、银杏之类，或可用也。"徐渭在《煎茶七类》中也说："茶入口，先须灌漱，次复徐啜，俟甘津潮舌，乃得真味。若杂以花果，则香味俱夺矣。"这些细事显然具有一定的约束力，想真正讲究饮茶风雅之人，也许会认真实行，只是未免烦琐。明代的钱椿年则撰有《茶谱》一书，他在书中列举了破坏茶味的一些果实香药，与高濂大同小异，夺茶香的多了杏仁，木瓜改为木香；而补充了夺茶味一条，包括有牛乳、番桃、荔枝、圆眼、水梨、枇杷之类。

到了宋代，据钱塘人吴自牧在《梦粱录》中记载："茶肆列花架，安顿奇松异桧等物于其上，装饰店面，敲打响斋。又冬月添卖七宝擂茶、馓子、葱茶。"文中所说的"擂茶"，是一种特色食品，一般都用大米、花生、芝麻、绿豆、食盐、茶叶、山苍子、生姜等为原料，用擂钵捣烂成糊状，冲开水和匀，加上炒米，吃起来清香可口。梅尧臣《七宝茶》诗云："七物甘香杂蕊茶，浮花泛绿乱于霞。啜之始觉君恩重，休作寻常一等夸。"也从侧面描绘了茶中添加食物的饮品风气。

到了明清，随着茶业的兴旺，江南等几处产茶区出现了一些以茶入馔的名菜，流传至今的有浙江的龙井虾仁、四川的樟茶鸭子、广东的茶香鸡、苏州的碧螺虾仁等。它们为平常生活里的饮食添了

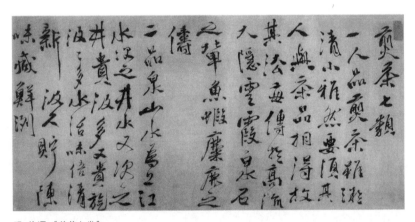

明 徐渭《煎茶七类》

一缕淡淡的茶香。

港人许堂仁编著过一本《茶馔之美》，有益有趣，有情有味，不过，比起古人的茶馔，想是已经"守规矩"许多。用于做茶馔的有碧螺春、龙井、乌龙、包种、金萱、香片、铁观音、红茶、普洱……信手抄录几个：绿茶凉面、绿茶蛋挞、龙井虾仁、龙井盐酥虾、龙井凉拌干丝、碧螺春炒鱼米、碧螺春炒鸡丝、碧螺春百花虾、碧螺春蒸明虾、乌龙熏鸡、乌龙茶香百叶糕、包种炒鱼片、铁观音栗子排骨汤、白毫牛腩、红茶银鱼、普洱炖排骨等。这样的茶馔美味，生活中也随手可掬，让人忍不住会食指大动。

具体说来，那茶馔之物，就像沉淀下的许多苦辣酸甜，人生百味不就如此吗？

人间饮事

《七之事》里，还穿插和组织着这样一些趣味横生的小故事，有微温情，有神秘事，有家常信，好像听到一位老茶人在茶炉边绘声绘色地讲述故事，似与炉上茶壶的煮沸音互相应和：

如《吴志·韦曜传》，写的是孙皓礼贤下士、以茶代酒的小故事。

又如《晋中兴书》里，记载了陆纳任吴兴太守时，为了维护自己廉洁朴素的名声，责打自己兄长之子陆俶，因其用丰盛佳肴招待谢安。这里茶与果品并列，是以一种朴素家常的面目出现的。

又如《晋书》里，记载桓温担任扬州牧的时候，宴客的也只是一些茶食、果品。

又如，《搜神记》里的故事比较神奇，写一个具有法力的苟奴，看见死去的夏侯恺取马匹、使妻染病、进屋要茶喝等怪异之事。这里的茶，面目也跟着富于神秘的色彩。

西晋诗人刘琨，在给自己的侄子刘演的一封信中，提出为他买一些好茶来提神解闷。刘琨将茶与姜、桂、黄芩等并列，可以想见，茶在西晋时期已算不上稀奇之物；另一方面，茶有药用价值，可以消除刘琨的心烦意乱、精神状态不佳。

又如傅咸的《司隶教》，记了一则蜀妪卖茶粥的故事。

又如，《神异记》记馀姚人虞洪入山采茗，遇一道士仙人，获大茗的神异之事。

几则汤色清澈、热气袅袅的茶故事，温情与神奇，家常与日常，交错进行。对着细看，杯中故事茶雾缥缈，茶汁晶莹，这些茶故事中，以茶代酒，茶食果品，茶与姜桂等并列。有趣的描写，告诉了我们一个事实，茶无处不在，无时不在，它已化为人们日常生活里的寻常之物，也成为人们交际的重要手段，值得好事者志之。

【原文】

左思《娇女诗》："吾家有娇女，皎皎颇白皙。小字为纨素，口齿自清历。有姊字惠芳，眉目灿如画。驰骛翔园林，果下皆生摘。贪华风雨中，倏忽数百适。心为茶荈剧，

明 文徵明 《林榭煎茶图》

吹嘘对鼎𬬻。"

张孟阳《登成都楼诗》云："借问杨子舍，想见长卿庐。程卓累千金，骄侈拟五侯。门有连骑客，翠带腰吴钩。鼎食随时进，百和妙且殊。披林采秋橘，临江钓春鱼。黑子过龙醢，果馔逾蟹蝑。芳茶冠六情，溢味播九区。人生苟安乐，兹土聊可娱。"

傅巽《七诲》："蒲桃、宛柰，齐柿、燕栗，峘阳黄梨，巫山朱橘，南中茶子，西极石蜜。"

弘君举《食檄》："寒温既毕，应下霜华之茗。三爵而终，应下诸蔗、木瓜、元李、杨梅、五味、橄榄、悬豹、葵羹各一杯。"

孙楚《歌》："茱萸出芳树颠，鲤鱼出洛水泉。白盐出河东，美豉出鲁渊。姜桂茶荈出巴蜀，椒橘木兰出高山。蓼苏出沟渠，精稗出中田。"

【译文】

西晋左思《娇女诗》："吾家有娇女，皎皎颇白皙。小字为纨素，口齿自清历。有姊字惠芳，眉目灿如画。驰骛翔园林，果下皆生摘。贪华风雨中，倏忽数百适。心为茶荈剧，吹嘘对鼎𬬻。"

张孟阳《登成都楼诗》说："借问杨子舍，想见长卿庐。程卓累千金，骄侈拟五侯。门有连骑客，翠带腰吴钩。鼎食随时进，百和妙且殊。披林采秋橘，临江钓春鱼。黑子过龙醢，果馔逾蟹蝑。"

芳茶冠六情，溢味播九区。人生苟安乐，兹土聊可娱。"

傅巽《七诲》："蒲地的桃子，宛地的苹果，齐地的柿子，燕地的板栗，恒阳的黄梨，巫山的红橘，南中的茶子，西极的石蜜。"

弘君举《食檄》："见面寒暄以后，先献上浮有白沫的好茶。喝过三杯之后，再呈上甘蔗、木瓜、元李、杨梅、五味、橄榄、悬豹、冬葵做的羹各一杯。"

孙楚《歌》："茱萸出在树巅上，鲤鱼产在洛水中。白盐出在河东，美豉出于鲁渊。姜、桂、茶出自巴蜀，椒、橘、木兰出于高山。蓼苏长在沟渠，稗子长在田中。"

【点评】

书香与茶香

陆羽可算是大众茶生活福音的传播者。他博古通今，对三教九流、诸色人才莫不了如指掌，加以推举。

对于当时茶事的变迁，陆羽尽管有着鞭辟入里的观察和思考，但在许多场合都采用委婉的方式表达出来，常赋予寻常字句以不寻常的含义。

他在《七之事》里，收集了唐以前分散在一些诗文旧集中的零星茶诗，有七八首，这就是左思的《娇女诗》，张载的《登成都楼诗》，傅巽的《七诲》，孙楚的《歌》，王微的《杂诗》……

有意思的是，西晋诗人左思的《娇女诗》，借用活脱脱的儿童形象，展示了较早的品茗场景。全诗共有五十六句，陆羽在《七之事》中选录了有关茶的十二句：

> 吾家有娇女，皎皎颇白皙。小字为纨素，口齿自清历。有姊字惠芳，眉目灿如画。驰骛翔园林，果下皆生摘。贪华风雨中，倏忽数百适。心为茶荈剧，吹嘘对鼎钖。

写的是左思的两个小巧娇女，因急着要品香茗，就用嘴对着烧水的"鼎"吹气。"茶荈"是说茶，"鼎"即指茶具。整首诗所呈现的灵性、美感，文字搭配的微妙平衡，让人一下子就对茶心生好感。

每一个时代里，都有诗人们的身影在字里行间衣袂飘飘、潇洒

明 文徵明 《惠山茶会图》

穿行，文采风流地为茶画上一丝痕迹。与左思的诗差不多年代的，还有两首咏茶诗。一首是张载的《登成都楼诗》，用"芳茶冠六情，溢味播九区"的诗句，赞美成都的茶；一首是孙楚的《歌》，用"姜桂茶荈出巴蜀，椒橘木兰出高山"的诗句，盛赞出自巴蜀之茶。

同一时代的杜毓，当时与陆机、左思齐名，写下第一篇咏颂茶的诗赋，名为《荈赋》：

> 灵山惟岳，奇产所钟。瞻彼卷阿，实曰夕阳。厥生荈草，弥谷被岗。承丰壤之滋润，受甘露之霄降。月惟初秋，农功少休；结偶同旅，是采是求。水则岷方之注，挹彼清流；器择陶简，出自东隅；酌之以匏，取式公刘。惟兹初成，沫沈华浮。焕如积雪，晔若春敷。若乃淳染真辰，色绩青霜，□□□□，白黄若虚。调神和内，倦解慵除。

这篇赋比陆羽的《茶经》要早四百多年。陆羽对其书推崇之至，在《茶经》一书曾三次分别引用《荈赋》，可以说颇为不易，也可看出《荈赋》在中国茶叶史上的地位。

古代的时光，仿佛就在那个"茶"字上停顿了下来，每一缕茶香都透着古人的平和。

让人纳闷的是，陆羽何以会用那样细致的笔触，将这一幕逼真记录下来？或许是因陆羽有着含蓄的秉性，每每于无声处展示着茶事的细节。这些纷繁、漫无头绪的茶事，他用几首诗就勾勒清楚了。

【原文】

华佗《食论》："苦茶久食，益意思。"

壶居士《食忌》："苦茶久食，羽化。与韭同食，令人体重。"

郭璞《尔雅注》云："树小似栀子，冬生，叶可煮羹饮。今呼早取为茶，晚取为茗。或一曰荈，蜀人名之苦茶。"

《世说》："任瞻，字育长，少时有令名，自过江失志。既下饮，问人云：'此为茶？为茗？'觉人有怪色，乃自分明云：'向问饮为热为冷。'"

《续搜神记》："晋武帝世，宣城人秦精，常入武昌山采茗。遇一毛人，长丈馀，引精至山下，示以丛茗而去。俄而复还，乃探怀中橘以遗精。精怖，负茗而归。"

《晋四王起事》："惠帝蒙尘还洛阳，黄门以瓦盂盛茶上至尊。"

《异苑》："剡县陈务妻，少与二子寡居，好饮茶茗。以宅中有古冢，每饮辄先祀之。二子患之曰：'古冢何知？徒以劳意！'欲掘去之。母苦禁而止。其夜，梦一人云：'吾止此冢三百馀年，卿二子恒欲见毁，赖相保护，又享吾佳茗，虽潜壤朽骨，岂忘翳桑之报！'及晓，于庭中获钱十万，似久埋者，但贯新耳。母告二子，惭之。从是祷馈愈甚。"

《广陵耆老传》："晋元帝时有老姥，每旦独提一器茗往市鬻之。市人竞买。自旦至夕，其器不减。所得钱散路傍孤贫乞人，人或异之。州法曹絷之狱中。至夜，老姬执所鬻茗器从狱牖中飞出。"

《艺术传》："敦煌人单道开，不畏寒暑，常服小石子。所服药有松、桂、蜜之气，所馀茶苏而已。"

释道该说《续名僧传》："宋释法瑶，姓杨氏，河东人。永嘉中过江，遇沈台真，请真君武康小山寺。年垂悬车，饭所饮茶。永明中，敕吴兴礼致上京，年七十九。"

【译文】

华佗《食论》："长时间喝苦茶，对思考有益。"

壶居士《食忌》："长时间喝苦茶，让人有羽化升仙的感觉；茶与韭菜同时食用，会使人增加体重。"

郭璞《尔雅注》："茶树矮小像栀子，冬季树叶常绿，叶子可以煮成茶汤喝。现在把早上采的叫'茶'，晚上采的叫'茗'，又有的叫'荈'，蜀地的人叫它为'苦茶'。"

《世说》："任瞻，字育长，青年时名声很好，自从南渡过江之后，变糊涂了。（有一次到主人家做客）已经倒上茶，他问旁人：'这是茶，还是茗？'他发觉旁人的表情很奇怪，便自己解释说：'刚才问茶是热的，还是冷的。'"

《续搜神记》："晋武帝时，宣城人秦精常进武昌山里采茶。有一次，遇见一个毛人，身长一丈多，将秦精带到山下，把一丛丛茶树指给他看，然后才离开。过了一会儿，毛人又回来，从怀里掏出橘子送给秦精。秦精感到害怕，忙背了茶叶回家。"

《晋四王起事》："晋惠帝逃难到外面，后来回到洛阳时，宦官用陶钵盛了茶献给他喝。"

《异苑》："剡县陈务的妻子，青年时守寡，带着两个儿子生活。她喜欢饮茶，住处有一处古墓，每次饮茶前，她都先用茶祭祀。两个儿子有些不耐烦，说：'古墓会知道些什么？白花力气！'就想把它挖除，经过她的苦苦劝说才作罢。当天夜里，陈务的妻子梦见有人对她说：'我在这古墓里有三百多年了，您的两个儿子总想要毁掉它，幸亏您的保护，又拿好茶祭祀我，我虽然是深埋地下的枯骨，但也不能忘恩不报啊！'等到天亮了，陈务的妻子在院子里拾到了十万串铜钱，像是埋藏了很久，但穿钱的绳子是新的。她把这件事告诉了两个儿子，他们感觉很惭愧。从此，母子三人更加虔诚地向古墓祭祀祈福。"

《广陵耆老传》："晋元帝时，有一老婆婆，每天一大早独自提着一罐茶到市场上去卖。市场上的人都争着来买茶喝。只是从早到晚，那罐中的茶却不减少。老婆婆把赚来的钱施舍给路边的孤儿、穷人和乞丐，有人感觉她很奇怪（就向官府报告）。州中的官吏把她捆起来，押进监狱。到了夜晚，老婆婆手提卖茶的器皿，从监狱的窗口飞了出去。"

《艺术传》："敦煌人单道开，冬天不怕冷，夏天不怕热，经常服食小石子。他所服用的药有松脂、桂、蜂蜜的香气，其余的只饮茶叶、紫苏罢了。"

释道该说《续名僧传》："南朝宋时的和尚法瑶，俗名姓杨，河东人，永嘉年间过江，遇见了沈台真清真君，请他在武康小山寺任住持。法瑶年事已高，常用茶代饭。永明年间，皇上下令让吴兴的官吏把法瑶送到京城，那时他已经七十九岁了。"

【点评】

广陵茶事

陆羽引用华佗的《食论》、壶居士的《食忌》、郭璞的《尔雅注》等文字时，摇头晃脑说着："苦茶久食，益意思。""苦茶久食，羽化。与韭同食，令人体重。"……俨然是一位科普类学者，到了引用《世说》《续搜神记》等故事时，他又恢复了说茶事的精气神，引起人的兴味。

他讲述的任瞻、宣城人秦精、晋惠帝、剡县陈务的妻子、敦煌人单道开、和尚法瑶，都是有名有姓，实有其人。这些茶故事，有的文采风流，有的史实谨严，有的朴实无华，有的事核言直，可见陆羽亦是良史之才，对待茶故事，陆羽是以主旋律的态度来处理的，让人品味到了种种茶的细节。

有一则《广陵耆老传》的古代笔记，文字传奇，像是一个《聊斋》故事的雏形，被讲述得鲜活生动、摇曳生姿——说的是晋元帝时，有一位老妇人卖茶的传奇故事。这则晋茶逸事，市井气息颇为浓厚。普通人对茶的认知，其实就来自这些旧故事。

有传说认为，老妇人卖的是雨花茶。虽没得经确认，但"雨花茶"以及陆羽与雨花茶的茶缘却颇值展开细说。

"雨花茶"在中国茶名中较为特殊，但它的生产历史却十分悠久。南京在唐代就已种茶，有陆羽栖霞寺采茶的传说为证。在现代，栖霞寺后山仍有试茶亭旧迹。

雨花茶和陆羽有如此深厚的渊源，令人称奇。

原来，在大历年间，陆羽品遍各地名泉名茶后，来到栖霞山，仍旧采绿芽，品新茗，汲清泉，试香茶……此时，避居阳羡的著名诗人皇甫冉闻讯，盛情相邀，小住对饮。真可谓好茶恨少，茶缘恨短，且珍惜当下。皇甫冉乘兴赋诗以赠陆羽，便作《送陆鸿渐栖霞寺采茶》："采茶非采绿，远远上层崖。布叶春风暖，盈筐白日斜。旧知山寺路，时宿野人家。借问王孙草，何时泛碗花。"

后来，又觉意犹未尽，再作《送陆鸿渐山人采茶回》："千峰待逋客，香茗复丛生。采摘知深处，烟霞羡独行。幽期山寺远，野饭石泉清。寂寂燃灯夜，相思一磬声。"

文采斐然，茶香四溢，一时之间传为佳话。那些诗句，至今还温润在人们的心里，令人忘情。

再传奇的茶事，也会逐一被添加进壶，愈泡愈淡，而茶事里蕴含着的美丽的词汇，柔软、清净、安详、平和、慈悲、宽容、隐忍、内敛、谦卑……却永远清活在人们的心里。

宋　赵佶《文会图》

至味只在淡，本心唯在清。

各个地方的逸闻陈迹，在桌上的茶盏碗碟之间，不经意地供人传递、把玩。正因为如此，陆羽收拾一两个几近真实的生活场景，就拼接出一两页残损的历史画面，用一笔一笔的描摹，叠加出了芸芸众茶的岁月之河。

这些宝贵的历史文献资料，使得人们重新认识了茶，认识了茶史上曾经的风雅，认识了古代文士所秉承的高贵与尊严。

【原文】

宋《江氏家传》："江统，字应元，迁愍怀太子洗马，常上疏，谏云：'今西园卖醯、面、蓝子、菜、茶之属，亏败国体。'"

《宋录》："新安王子鸾、豫章王子尚，诣昙济道人于八公山。道人设茶茗，子尚味之曰：'此甘露也，何言茶茗？'"

王微《杂诗》："寂寂掩高阁，寥寥空广厦。待君竟不归，收领今就槚。"

鲍昭妹令晖著《香茗赋》。

南齐世祖武皇帝《遗诏》："我灵座上慎勿以牲为祭，但设饼果、茶饮、干饭、酒、脯而已。"

梁刘孝绰《谢晋安王饷米等启》："传诏李孟孙宣教旨，垂赐米、酒、瓜、笋、菹、脯、酢、茗八种。气苾新城，味芳云松。江潭抽节，迈昌荇之珍；壃场擢翘，越茸精之美。

羞非纯束，野麏裹似雪之驴；鲊异陶瓶，河鲤操如琼之粲。茗同食粲，酢颜望楫。免千里宿舂，省三月种聚。小人怀惠，大懿难忘。"

陶弘景《杂录》："苦茶，轻身换骨，昔丹丘子、黄山君服之。"

《后魏录》："琅琊王肃，仕南朝，好茗饮、莼羹。及还北地，又好羊肉、酪浆。人或问之：'茗何如酪？'肃曰：'茗不堪，与酪为奴。'"

《桐君录》："西阳、武昌、庐江、晋陵好茗，皆东人作清茗。茗有饽，饮之宜人。凡可饮之物，皆多取其叶，天门冬、拔揳取根，皆益人。又巴东别有真茗茶，煎饮令人不眠。俗中多煮檀叶并大皂李作茶，并冷。又南方有瓜芦木，亦似茗，至苦涩，取为屑茶饮，亦可通夜不眠。煮盐人但资此饮，而交、广最重，客来先设，乃加以香芼辈。"

【译文】

宋《江氏家传》："江统，字应元，升任愍怀太子洗马的官后，经常上疏进谏道：'现在西园卖醋、面、蓝子、菜、茶之类，有损国家的体面。'"

《宋录》："新安王刘子鸾、豫章王刘子尚到八公山拜访昙济道人。昙济道人设茶招待他们，刘子尚尝了尝茶说：'这是甘露啊，怎么说是茶呢？'"

王微《杂诗》："寂寂掩高阁，寥寥空广厦。待君竟不归，收领今就槚。"

鲍照的妹妹令晖写有《香茗赋》一文。

南齐世祖武皇帝在遗诏中宣称："我死之后，我的灵位上切莫以牺牲为祭品，只须摆上饼果、茶、干饭、酒、肉干就行了。"

梁刘孝绰呈《谢晋安王饷米等启》中说："李孟孙君传达了您的旨意，承蒙您赏赐我米、酒、瓜、笋、腌菜、肉干、醋、茗等八种食物。米的气味芳香，像新城的米一样；酒的气息馨香，味道醇厚，犹如松树直上云霄。水边初生的竹笋，胜过菖、荇一类的珍馐；田头丰美的瓜菜，超过最好的美味。用白茅捆扎的野鹿虽然好，哪里比得上您惠赐的肉干？用陶侃瓶装的河鲤虽然好，哪里比得上您馈赠的腌鱼？大米如玉粒晶莹，茗菜又似大米精良，醋一看就令人开胃。（食物如此丰盛）即使我远行千里，也用不着再筹备干粮。我记着您给我的恩惠，您的大德我永远难忘。"

陶弘景《杂录》："苦茶能使人身轻如换骨，从前丹丘子、黄山君常饮用它。"

《后魏录》："琅琊人王肃在南朝当官时，喜欢喝茶，吃莼菜羹。等他回到北方，又喜欢吃羊肉，喝羊奶。有人问他：'茶和奶相比感觉如何？'王肃说：'茶哪里能和奶比，茶只有给奶做仆人的资格。'"

《桐君录》："西阳、武昌、庐江、晋陵等地的人喜欢喝茶，都是主人家准备好。茶有沫饽，喝了对人有好处。通常可以饮用的植物，大都是用它的叶子，而天门冬、拔揳却是选用其根，对人也有好处。另外，湖北巴东有真正的茗茶，煮着喝会使人兴奋难以入眠。民间多习惯把檀叶和大皂李叶煮着当茶喝，颇为清凉爽口。另外，南方有一种瓜芦树，和茶也很像，特别苦涩，制作成细末，像喝茶一样喝，也可以让人整夜不眠。煮盐的人全爱喝这种饮料，交州和广州的人最为喜欢，客人来了，先用它来招待，还会加上一些香料。"

【点评】

香茗赋风流

陆羽的《茶经》是文化、情感、审美的"圣经"，如同一朵兰花，气质清新而风流，其中一些小细节深深吸引了世人。

关于香茗，向来有颇风雅的传说，将其中的茶事更加细致地延展开来。

《七之事》里，记有这样一笔：

鲍昭妹令晖著《香茗赋》。（注：唐人为避武后讳，改"照"为"昭"）

读到这则香绮小事，像品到一杯苦丁茶，仿佛能感受到茶的华丽与苍凉。也能想象到，鲍令晖性情温静如茶。

陆羽以点滴细节铺陈茶事清雅，是有所依据的。

鲍令晖，原是南朝的一位女文学家，东海人，是著名文学家鲍照的妹妹，出身贫寒，但能诗能文。如同浴壶时，壶面总弥漫着袅袅轻烟，鲍令晖的才气在南朝也一直缭绕不绝。据钟嵘《诗品》记载，有一次，鲍照曾对孝武帝刘骏说："臣妹才自亚于左棻，臣才不及太冲尔。"（左棻是诗人左思的妹妹，很有诗才。）以此可见，鲍令晖诗才出众。钟嵘说她的诗"往往崭绝清巧，拟古尤胜"，她的那些诗主要写相思之情，擅长委婉含蓄地表达女子情怀，是典型的青春作赋。

清 钱惠安 《烹茶洗砚图》

作为南朝的女文学家，鲍令晖的诗留传得不多，《茶经》说她写有《香茗赋》，不过，跟介绍其他茶人的时候不太一样，《茶经》并没有引述《香茗赋》的内文，而现存的史料中也查找不到《香茗赋》。

茶自是茶，赋自是赋，只是一位女子的自吟自唱，唯有细玩才能自知，在那些封建卫道士看来，却是"百愿淫矣"。

这赋一定写得文之猗猗，幽然有香，读了让人深有感触，以至宋代有位名叫沈清友的姑苏女子，写了一篇《续鲍令晖香茗赋》（明·陈鉴《虎丘茶经注补》）。一前一后，两位才女互相呼应，显得端庄淡雅，绝世风华。

只是可惜，这两篇文采斐然的《香茗赋》，全都化为墙上晃漾着的茶影花枝，不见踪影。

才女们的故事总像是一阕属于婉约派的小词，在漫吟声中渐渐消歇。

这则茶水情事，可让人想起冒襄在《影梅庵忆语》中，追忆小宛为他烹茶，两人相对品茗的情景，令人感叹柔情似水，良辰不再：

> 姬能饮，自入吾门，见余量不胜蕉叶，遂罢饮。……文火细烟，小鼎长泉，必手自炊涤。余每诵左思《娇女诗》"吹嘘对鼎䥥"之句，姬为解颐。于沸乳看蟹目鱼鳞，传瓷叠月魂云魄，犹为精绝。每花前月下，静试对尝，碧沉香泛，真如木兰沾露，瑶草临波，备极卢、陆之致。东坡云："分无玉盏捧娥

眉"，余一生清福，九年占尽，九年折尽矣。

冒襄眉眼间专注的当然不仅是茶，对女子心灵的体察也是幽婉的。其中，那个"影"字，很像古字画上摁的那点子朱砂印，虽然小，却烂漫凝重。

一个苍白晃动的女子影像，因为一篇作品而变得丰富，有韵味，有了更多的想象空间。茶，从一种药物到满足口腹之欲，最终演变成一种文化象征。让人愿意沉溺在这些小细节里，回忆茶的点点滴滴，人也会变得清净幽雅。

陆羽用承载了千年的茶香，来讲述一个从容的故事，虽然只是那么简短的一句。

【原文】

《坤元录》："辰州溆浦县西北三百五十里无射山，云蛮俗当吉庆之时，亲族集会歌舞于山上。山多茶树。"

《括地图》："临遂县东一百四十里有茶溪。"

山谦之《吴兴记》："乌程县西二十里有温山，出御荈。"

《夷陵图经》："黄牛、荆门、女观、望州等山，茶茗出焉。"

《永嘉图经》："永嘉县东三百里有白茶山。"

《淮阴图经》："山阳县南二十里有茶坡。"

《茶陵图经》："云茶陵者，所谓陵谷生茶茗焉。"

《坤元录》："在辰州溆浦县西北三百五十里有座无射山，据称：当地土著人的风俗是在吉庆的时候，亲友族人们聚会，在山上又唱歌又跳舞。山上生有许多茶树。"

《括地图》："在临遂县东一百四十里有条茶溪。"

山谦之《吴兴记》："在乌程县西二十里有座温山，出产进贡皇上的茶。"

《夷陵图经》："黄牛、荆门、女观、望州等山出产茗茶。"

《永嘉图经》："在永嘉县以东三百里有座白茶山。"

《淮阴图经》："在山阳县以南二十里有处茶坡。"

《茶陵图经》："之所以叫茶陵，就是因为这里的山陵峡谷之中出产茗茶。"

【点评】

简洁的图经

陆羽对茶事的熟稔显得庄重而平和。既然将茶事置于舞台中心，故事的讲述应有所不同。

《七之事》里，陆羽既用柔和的色彩勾勒出茶的一生，也用简洁的《图经》来简述茶的产地，为唐代的茶文化史勾勒出了一条美丽的弧线，地理也记载得翔实而确切。

从神农氏开始，《茶经》就是演绎茶风云的主要舞台，场景丰富多姿、变幻莫测，所以"茶"字有着丰富的历史文化含义，是一块金字招牌。

那些散落着的唐版线装的各类《图经》，就飘逸出不少茶之精魂。

如《淮阴图经》，作于唐代，是一本地理古书，作者是谁已无从考证，此书也早就失传，世界上只流传了十个字——"山阳县南二十里有茶坡"，这十个字正是因为陆羽在《七之事》中的引用才得以保存。

如《永嘉图经》：

永嘉县东三百里有白茶山。

"图"为书中的舆地部分，"经"是记事的文字。所以《永嘉图经》是绘有温州水陆交通、山川形势的图经，图文并茂。可惜的是，这部从隋唐时代开始编纂的《永嘉图经》，也已经佚失，使得《茶经》中的那句"永嘉县东三百里有白茶山"成为历史上的难解之题。

陆羽的一句，无心插柳地为茶文化留下珍贵的一笔，也让后来的茶文化研究者由此找到当地茶学极致的依归。

类似的记载，《七之事》里还有一些，文字风格比较典雅，将史料零星散记，连缀成文，将丰富的茶文献知识呈献给后世读者。如：

清 黄慎 《湖亭秋兴图》

《坤元录》："辰州溆浦县西北三百五十里无射山，云蛮俗当吉庆之时，亲族集会歌舞于山上。山多茶树。"

《括地图》："临遂县东一百四十里有茶溪。"

山谦之《吴兴记》："乌程县西二十里有温山，出御荈。"

《夷陵图经》："黄牛、荆门、女观、望州等山，茶茗出焉。"

《永嘉图经》："永嘉县东三百里有白茶山。"

《淮阴图经》："山阳县南二十里有茶坡。"

《茶陵图经》："云茶陵者，所谓陵谷生茶茗焉。"

《坤元录》是一本古地学的书名，它所记载的一段民俗，与茶树有关，仿佛那茂密的茶树林，是那在山上载歌载舞的人群的见证。其他与地理、地志相关的书，则分别记载了茶溪、茶坡、茶陵、御荈、茶茗等内容，有的点明生产茶的地理方位，如《淮阴图经》中"山阳县南二十里有茶坡"；有的含蓄指出此地所产的茶为上品，可为上贡之物，如山谦之《吴兴记》："乌程县西二十里有温山，出御荈。""御荈"一词，即表明此地所产之茶为优质品种，深得皇家青睐。

对于其中的演义，并不是一两句话就能够说得清楚的。一般人比较熟悉，但也可能因其短小而闲闲地听过，是书里一带而过的闲笔，可能没有受到应得的重视。

【原文】

《本草·木部》："茗，苦茶。味甘苦，微寒，无毒。主瘘疮，利小便，去痰渴热，令人少睡。秋采之苦，主下气消食。注云：'春采之。'"

《本草·菜部》："苦茶，一名茶，一名选，一名游冬，生益州川谷山陵道傍，凌冬不死。三月三日采，干。注云：'疑此即是今茶，一名茶，令人不眠。'《本草注》：'按《诗》云"谁谓茶苦"，又云"堇茶如饴"，皆苦菜也。陶谓之苦茶，木类，非菜流。茗，春采谓之苦槚_{途遐反}。'"

《枕中方》："疗积年瘘，苦茶、蜈蚣并炙，令香熟，等分，捣筛。煮甘草汤洗，以末傅之。"

《孺子方》："疗小儿无故惊蹶，以苦茶、葱须煮服之。"

【译文】

《本草·木部》："茗，又叫苦茶。味甘苦，性微寒，没有毒。主治瘘疮，可利尿、化痰、解渴、散热，使人减少睡眠。在秋天采的茶有苦味，能下气，有助于消化。原注说：'要在春天采。'"

《本草·菜部》："苦菜，又叫茶，又叫选，又叫游冬，生长在益州一带的山川河谷和路旁，即使经过寒冬腊月也不会冻死。在三月三日采摘，然后焙干。注说：'这或许就是现在所称的茶，又叫茶，喝了使人难以入眠。'"《本草注》说："按照《诗经》所说'谁谓茶苦'，又说'堇茶如饴'，指的都是苦菜。陶弘景所提的苦茶，是木本类植物，不是菜一类的草本。茗，在春天里采摘的，叫作苦槚。"

《枕中方》："治疗多年难愈的瘘病，把苦荼和蜈蚣一起放在火上烤炙，等到烤熟之后并发出一股香气，再平均分成两份，捣碎后筛成细末。一份加甘草煮水清洗患处，一份用末外敷。"

《孺子方》："治疗小孩不明原因的惊厥，可用苦荼和葱的须根煎水服饮。"

【点评】

《本草纲目》《枕中方》《孺子方》均是一些医书，记述了不少茶为药用的经验。可见才情横逸的陆羽对茶的药用价值做过仔细的研究，他的记载和论述，对后人有很大的启发。

清代江苏嘉定学者陆廷灿，依照《茶经》里的《七之事》一节，辑录了古籍中丰富的资料，征引繁富，共有一百七十则有关茶的故事。在此无须作文抄公，读者诸君可自去翻书。

八之出

茶地芬芳，自在禅思

南北朝前期，饮茶风气在地域上仍存在着一定的差距，南方饮茶较北方为盛。但随着南北文化的逐渐融合，饮茶风气也渐渐由南向北推广开来，仿佛大笔濡染，画出了一片饮茶的繁华气象。

唐代那清晰呈现的比屋皆饮、家家饮茶的盛况，那茶也具有了别致的风味。

若从地理的分布看，古代中国的四方，茶资源绝不匮乏，庞大而繁杂。唐贞观元年（627），分全国为十道，关内、河南、河东、河北、山南、陇右、淮南、江南、剑南、岭南；开元二十一年（733），增为十五道，即将山南、江南各分为东西二道，又增置京畿、都畿、黔中三道。大唐共有十五道，产茶就有八道，道道皆有上好茶品，精彩而绚烂。那些看似千篇一律的产茶区，若为它们贴上一些灵动的标签：剑南道古雅，山南道质朴，浙东道灵动，浙西道清俊，淮南道婉约，江南道清幽，黔中道朴诚，岭南道端肃……

八道茶区，四十三个州、郡，皆因茶而得名，慢慢就在人们的生活里着了色，变得清晰而鲜活起来。

据唐代的《国史补》里记载：

> 风俗贵茶，其名品益众。南剑有蒙顶石花，或小方、散芽，号为第一。湖州有顾渚之紫笋，东川有神泉小团、绿昌明、兽目，峡州有小江园、碧涧寮、明月房、茱萸寮，福州有柏岩、方山露芽，婺州有东白、举岩、碧貌，建安有青凤髓，夔州有香山，江陵有楠木，湖南有衡山，睦州有鸠坑，洪州有西山之白露，寿州有霍山之黄芽；绵州之松岭，雅州之露芽，南康之云居，彭州之仙崖、石花，渠江之薄片，邛州之火井、思安，黔阳之都濡、高株，泸州之纳溪、梅岭，义兴之阳羡、春池、阳凤岭，皆品第之最著者也。

这里所列出的名茶，正是《八之出》里可以找寻到源头的好茶，能够经受得住那份绵厚。

八大茶区中，剑南道、山南道、浙西道从气质上看，天生就带着优渥显达的身世，又在古茶书里缭绕着一股芳香气息，均是产好茶的资源地，也让人期待有更为细腻精致的书写，重新构建起古与今的历史对话。

在《八之出》一节里，清晰度很高地记载了中国的茶地理分布图。罗列的那些茶叶产地，对于大多数人来说是陌生的，却又是吸引人的。它们使人们回忆起那些曾经旅游过的与茶叶牵连的城市，以及那些曾经惊鸿一瞥的茶叶，并用色笔勾勒出一个大概的轮廓，颜色或浓烈，或清丽。

那些产茶之地，有些是人们熟知的，大多数是为人所不知的。茶地过眼，满地芬芳。这一节内容最为丰富，也极易联想，仿佛一幅展开的茶地图，上面脉络分明，深藏一个个藏茶宝地。明代何白的诗写道："宁知此地种更奇，僻远未登鸿渐谱。"说明茶人以能到陆鸿渐所列的茶谱之地，为人生的一桩荣幸之事。

这些经历或经眼的茶地，都多少有一些故事可说。现在，就像掐茶的芽尖一样，将那些采茶之地的精华采下来细品，逐一解读其中微妙的意图与茶情冷暖，在深入浅出之中，体会中国茶文化的博大精深。

【原文】

山南：以峡州上，峡州生远安、宜都、夷陵三县山谷。襄州、荆州次，襄州生南漳县山谷，荆州生江陵县山谷。衡州下，生衡山、茶陵二县山谷。金州、梁州又下。金州生西城、安康二县山谷。梁州生褒城、金牛二县山谷。

【译文】

山南道：以峡州产的茶为最佳，峡州茶产于远安、宜都、夷陵三县的山谷中。襄州、荆州产的茶次之，襄州茶产于南漳县山谷中，荆州茶产于江陵县山谷中。衡州产的茶差些，产于衡山、茶陵二县的山谷中。金州、梁州产的茶又差一些。金州茶产于西城、安康二县的山谷中。梁州茶产于褒城、金牛二县的山谷中。

【点评】

山南：诗茶之路

山南，为唐代贞观十道之一，因在终南、太华二山之南，因此得名。辖境是现在的四川东部，陕西东南，河南南部，以及重庆、湖北大部分地区。开元年间，山南道分为东、西两道。

山南茶区给人的印象，是自成一体的静谧，像一幅黑白素描，也像是茶幽雅的序曲。

峡州、襄州、荆州、衡州、金州、梁州……这些熠熠生辉的地名，带有方正严峻的冷色调，因为陆羽记述的诚意，可以组合、搭配出不同的感受，使茶有流动的趣味，尤为聚香。

山南茶区是唐代常常出现的一个茶地理坐标，经历了千百年的风风雨雨，依旧枝繁叶茂。这一茶区的峡州、荆州等，就是所谓"荆巴间""巴山峡川"的古茶地，像是通过造旧，营造出一种梦境般浓郁的茶之历史氛围。这里讲的"以峡州上"，主要是指峡州茶的品质上乘。文中还特为注说："峡州生远安、宜都、夷陵三县山谷。"这三县均是唐峡州的属县。《新唐书·地理志》载土贡茶。唐杜佑《通典》载："土贡茶芽二百五十斤。"出产的名茶有碧涧、明月、芳蕊、茱萸簝、小江园茶。唐裴汶《茶述》把碧涧茶列为全国第二类贡品。

陆羽评茶，语言简洁，只用"上""次""下""又下"，将各州茶叶的质量分成四个等级。

不论品质是上抑或是下，与每处茶区紧密而丰富相连的，或有名诗，或有故事，或有传说，不一而足。

如荆州茶，是李白的族侄、玉泉寺的中孚禅师创制的。中孚禅师既通佛理，又喜欢饮茶，他常年在乳窟中采茶，然后制成仙人掌茶，以茶供佛，并招待四方宾客。后来，他游金陵栖霞寺时偶遇李白，遂以仙人掌茶相赠。为此，李白还特地写了一首《答族侄僧中孚赠玉泉仙人掌茶》，并写序记载了这则茶坛佳话：

> 荆州玉泉寺近清溪水边，茗草罗生，枝叶如碧玉。玉泉真公常采而饮之，年八十，色如桃花。其茗清香滑熟……其状如手，号仙人掌……采服润肌骨。

更多的茶诗，稳妥地记录下此地的茶香。

如峡州茶诗为："簇簇新英摘露光，小江园里火煎尝。吴僧漫说鸦山好，蜀叟休夸乌嘴香。入座半瓯轻泛绿，开缄数片浅含黄。鹿门病客不归去，酒渴更知春味长。"（郑谷《峡中尝茶》）

衡州茶诗为："客有衡岳隐，遗余石廪茶。白云凌烟露，采掇

明 沈周 《清园图》

春山芽。"（李群玉《龙山人惠石廪方及团茶》）

金州茶诗："药院径亦高，往来踏蓖影。方当繁暑日，草屩微微冷。爱此不能行，折薪坐煎茗。"（姚合《题金州西园九首·蓖径》）

这些灵性而微的茶诗，为庄严的茶产地平添了几分灵动俏丽，氤氲里自有一分茶香。

襄州与其他几处茶产地时而有交集，令人有兴味。如陆羽，他将襄州茶作为标准，认为剑南茶区的上等彭州茶、湖州天目山茶和淮南茶区的舒州茶与襄州茶品质相同，由此可见襄州茶品质的影响力。

确实，山南茶区自有其特色，里面是一种记忆，是对自然界的摹仿。它比其他茶区又多了些历史的混沌。

淡朴的峡州，却从来没有想过它是如此有茶文化气息的风景。就像是心灵的补白，也因此提醒人们，随时保有一颗好奇、敏感之心，就不会受识见的局限。

【原文】

淮南：以光州上，生光山县黄头港者，与峡州同。义阳郡、舒州次，生义阳县钟山者，与襄州同。舒州生太湖县潜山者，与荆州同。寿州下，盛唐县生霍山者，与衡州同也。蕲州、黄州又下。蕲州生黄梅县山谷，黄州生麻城县山谷，并与荆州、梁州同也。

【译文】

淮南道：以光州产的茶为最佳，产于光山县黄头港的茶，和峡州的一样好。义阳郡、舒州产的茶次之，产于义阳县钟山的茶和襄州茶一样，舒州茶产于太湖县、潜山县的和荆州茶一样。寿州产的茶较差，产于盛唐县霍山的茶和衡山茶一样。蕲州、黄州产的茶又差一些。蕲州茶产于黄梅县山谷中，黄州茶产于麻城县的山谷中，两者和荆州、梁州的茶一样。

【点评】

淮南：清雅记

淮南，唐代贞观十道、开元十五道之一，以在淮河以南为名，辖境大约在现在的淮河以南、长江以北，东至大海，西至湖北应山、汉阳一带地区，相当于今天的江苏北部、安徽河南的南部、湖北东部，治所在扬州（即今江苏扬州）。

一年四季里，如果将喝过的红茶、绿茶、花茶，依循季节，可以非常细致地罗列出十几种：碧螺春、安吉白茶、乌龙茶、沱茶、龙井茶、雨花茶、杭白菊、茉莉花茶……这些茶改变着人们的生活。

再后来，知道这些茶的产地均来自淮南茶区后，"淮南茶区"这个词顿然凝聚为一个意象，不是具体的茶物，而是一个象征，时间、美、清静，多种感觉融于一体，小而密集地演绎着。

淮南道下的光州，为现在河南潢川、光山县一带。光山是当代散文名家张宗子的故乡。他在散文集《空杯》中对茶也有精辟的论述：

> 旧茶不去，新茶无法注入，这是禅宗的洒脱；旧茶之曾经存在，岂能遗忘？这是凡人的执着。

也许正是茶，才筑就了散文家细腻敏感、洞明淡定的灵魂世界。只可惜，像张宗子这样喝茶、喝酒、垂钓于时间长河之中的人，优雅地看岁月消逝的人，不带功利的人，真是越来越少了。

有一些茶产地，现在已经没有了，但在《茶经》里留下了雪泥鸿爪——太平县有一太平湖，极清极静。上睦、临睦来自陆羽的《茶经》，应在原太平县境内。

对皖茶的熟习过程，也可以渐次而行。先是黄山毛峰、太平猴魁；接着是六安瓜片、祁门红茶；后来是敬亭绿雪、岳西贡尖以及桐城小花……安徽茶似乎别具一种韵致上的大方与开阔、清新与灵通，相对而言，小儿女之气要稀薄得多。说起来，它们都是有些来历的。将这些皖茶打个比方：舒城兰花是小家碧玉，祁门红茶是大家闺秀，桐城小花是邻家女孩，岳西贡尖是皖南名士，六安瓜片是闺中少妇，太平猴魁是江南状元，霍山黄芽是刚猛勇士……

区区几许茶名，怎能尽数淮南茶区文化的风流？单是六安瓜片，就好有一说。

　　无意之中，拈出"寿州下"一条，细读原注："盛唐县生霍山者，与衡山同也。"

　　当时的盛唐县，即今天的六安。应该说这是六安出产茶的较早记载。寿州的排名虽并不居优势，却隐隐约约透露出一丝"瓜片"的信息。

　　明代许次纾在《茶疏》中有详细的说明：

　　　　天下名山，必产灵草。江南地暖，故独宜茶。大江以北，则称六安，然六安乃其郡名，其实产霍山县之大蜀山也。茶生最多，名品亦振，河南、山陕人皆用之。南方谓其能消垢腻，去积滞，亦共宝爱。

明　唐寅《事茗图》

霍山县这个地方自古以出产风格浓郁的茶著称，现在仍有"金山药岭名茶地，竹海桑园水电乡"之美誉。此地产有许多名茶，六安瓜片、提片、梅片，以及松萝茶等，让人感觉是集天地之精华，富于灵性之气。

六安瓜片自明代起就有名声。《儒林外史》中的杜慎卿品茶时所喝的茶即是"六安毛尖茶"。梁实秋先生写过一篇《喝茶》，是回忆20世纪40年代的茶事，文中说："有朋自六安来，贻我瓜片少许，叶大而绿，饮之有荒野气息扑鼻。其中西瓜茶一种，真有西瓜风味。"茶味可以通仙，这一皖南绿茶，在文人眼中是上品，清秀中自有一股清刚。

到了《红楼梦》里，六安茶也得以露脸。如妙玉在栊翠庵中，就珍藏着六安茶、老君眉等名茶，等贾母来到时，妙玉知贾母"不吃六安茶"，于是沏了老君眉款待。六安茶虽然并不受贾母待见，但也透露出它是当时名茶的消息一二。

而许次纾在《茶疏》中也解释了六安茶品评不佳的原因："顾彼山中不善制造，就于食铛大薪炒焙，未及出釜，业已焦枯，讵堪用哉？兼以竹造巨笥，乘热便贮，虽有绿枝紫笋，辄就萎黄，仅供下食，奚堪品斗。"原来，全是因为产区当地不善于炒制茶叶，用大柴火在煮饭锅里炒烘，还没来得及出锅呢，茶叶就已经焦糊干枯了，哪里能饮用呢？再加上用竹制成大竹篓，茶炒完后还没冷却就放进竹篓，即使有绿枝叶、紫笋芽，也很快变枯变黄，只能算是劣等茶品，哪里能经得起品评斗试呢？

文史专家蒋星煜老先生从儿童时代起就随外祖父泡茶馆。有次，他谈及喝六安瓜片的情形：

亲友为我泡的这杯茶真的有些特别，那茶叶居然不是针状，也没有什么尖端，像中草药的冬桑叶，叶片相当大，而色泽比冬桑叶更绿、更翠，比较近似中草药的西瓜翠衣。而且冲泡之际，杯中的茶叶因为水的冲激有的再一次分裂了，可见其脆的程度。

从艺术层面而言，像六安瓜片这种茶，茶韵与旧时的皖南风物是相吻合的，绝非像太平猴魁等是走知堂一路的，亦非一味仿"苦雨茶"。

【原文】

浙西：以湖州上，湖州生长城县顾渚山谷，与峡州、光州同；生山桑、儒师二坞、白茅山悬脚岭，与襄州、荆南、义阳郡同；生凤亭山伏翼阁飞云、曲水二寺、啄木岭，与寿州、常州同。生安吉、武康二县山谷，与金州、梁州同。常州次，常州义兴县生君山悬脚岭北峰下，与荆州、义阳郡同。生圈岭善权寺、石亭山，与舒州同。宣州、杭州、睦州、歙州下，宣州生宣城县雅山，与蕲州同。太平县生上睦、临睦，与黄州同。杭州临安、于潜二县生天目山，与舒州同。钱塘生天竺、灵隐二寺；睦州生桐庐县山谷；歙州生婺源山谷；与衡州同。润州、苏州又下。润州江宁县生傲山，苏州长洲县生洞庭山，与金州、蕲州、梁州同。

　　浙西地区：以湖州产的茶为最佳，湖州茶产于长城县顾渚山谷中的，和峡州、光州的一样好；产于山桑、儒师二坞与白茅山悬脚岭的茶，和襄州、荆州、义阳郡的一样好；产于凤亭山伏翼阁飞云、曲水二寺及啄木岭的茶，和寿州、常州的一样好；产于安吉、武康二县山谷中的茶，和金州、梁州的一样好。常州产的茶次之，常州茶产于义兴县君山悬脚岭北峰下的，和荆州、义阳郡的一样。产于圈岭善权寺及石亭山的，和舒州的一样。宣州、杭州、睦州、歙州产的茶差些，宣州茶产于宣城县雅山的，和蕲州的一样；产于太平县上睦、临睦的，和黄州的一样。杭州茶产于临安、于潜二县天目山的，和舒州的一样。钱塘茶产于天竺、灵隐二寺，睦州茶产于桐庐县山谷中，歙州茶产于婺源山谷中，这三种都和衡州的一样。润州、苏州产的茶又差一些。润州茶产于江宁县傲山，苏州茶产于长洲县洞庭山，这两种和金州、蕲州、梁州的一样。

浙西：采绿记

　　浙西，唐贞观、开元年间分属江南道、江南东道。乾元元年（758），置浙江西道、浙江东道两节度使方镇，并将江南西道的宣、饶、池州划入浙西节度。浙江西道简称浙西。辖境相当于现在的安徽、江苏两省长江以南、浙江富春江以北以西、江西鄱阳湖东北角地区。

"采茶非采绿,远远上层崖。"唐代诗人皇甫冉在送陆鸿渐去栖霞寺采茶时所咏的这首诗,让人难忘。

宣州的敬亭绿雪,杭州的西湖龙井……这都是一些绿油油的名字。那些浑圆的山头种满了茶树,一球球,一丛丛,碧绿苍翠。无边的翠竹和幽静的大山是浙西茶区的后花园。

浙西茶区像一张风景绝佳的明信片,这里有成片的大茶场,如常州(宜兴)一带,有"一山和数山弥谷盈岗"的大茶园,唐人李嘉祐在送友人时,不禁吟下"绿茗盖春山"的诗句,以此描摹当时的茶园景象。

喝浙西茶区的茶,就像是采绿记。

这一产区集中了浙江、江苏、安徽、江西等茶地:嘉兴、镇江、芜湖、徽州、杭州、上饶、南京、苏州……这些茶地,像是半文半白的随笔小品,让人遐想。此处,茶如同珍珠一般撒落在各个地方,产有顾渚紫笋、阳羡紫笋、常州宜兴茶、瑞草魁、天目茶、灵隐茶、天竺茶、径山茶、睦州细茶、鸠康茶、婺源方茶、婺源先春含膏、润州茶、洞庭山茶……这些舌尖上的茶滋味,会撩起人们丰富的感受。

比如顾渚紫笋,就像是深闺少妇,深藏不露。

顾渚紫笋自唐代起,被选为贡茶,可见其珍贵。它产于浙江湖州长兴顾渚山一带。唐诗人杜牧到湖州当刺史。公元851年,杜牧奉诏携全家到顾渚山"修贡"一月有余,曾赋诗四首。有一首广为后人传颂的《茶山》,其中有两句为:"山实东南秀,茶称瑞草魁。"对顾渚山和顾渚茶，做了高度赞扬。

顾渚紫笋在《茶经》中，被陆羽论为"茶中极品"——"紫者上，绿者次；笋者上，牙者次"，可见其品质的确出众。唐诗人张文规还写诗将顾渚山中的明月峡与顾渚茶相联，"明月峡中茶始生"，(《吴兴三绝》)以此说明茶生其间者，尤为绝品。

顾渚村就是当年茶圣陆羽写作《茶经》的地方，可以说，陆羽的大半生就是在这里度过的，他对茶的感悟也与岁月俱增。中国第一个贡茶院在顾渚建立，而陆羽也是在这里置办了茶园，并在《茶经》中，将顾渚紫笋列为上品。

春天的时候，如果有机会，泡上一小包碧螺春，喝着玩，就可以品味到春天的茶滋味。

相比皖茶中的黄山毛峰、太平猴魁，虽属名茶，但它们始终似有馆阁体的影子，或隐或显，挥之不去。相比之下，碧螺春更显清静雅致，呈现出不同的气质。

在一般人眼中，碧螺春肯定比虎丘茶有名，这是在苏州文人笔下的缘故吧——"最新的碧螺春滋味和香气是完全和完整的，喝到嘴里是旧地重游和老友再聚，还是别出心裁和焕然一新。"古代《随见录》里也有记载："洞庭山有茶，微似岕而细，味甚甘香，俗呼为'吓杀人'。产碧螺峰者尤佳，名碧螺春。"

可当初，碧螺春连小家碧玉也算不上。清末学者俞樾在《茶香室丛抄》中指出："今杭州之龙井茶，苏州洞庭之碧螺春，皆名闻天下，而在唐时，则皆下品也。"

确实，从历史上逐渐淡出的苏州虎丘茶，才曾让茶客们魂牵梦萦。

据谢肇淛《五杂组》记：

> 今茶品之上者，松萝也，虎丘也，罗芥也，龙井也，阳羡也，天池也，而吾闽武夷、清源、鼓山三种可与角胜。

其《西吴枝乘》又云：

> 余尝品茗，以武夷、虎丘第一，淡而远也；松萝、龙井次之，香而艳也；天池又次之，常而不厌也。

其实，苏州虎丘一带在明代时就产茶，颇为有名。王世贞有诗云："虎丘晚出谷雨后，百草斗品皆为轻。"徐渭句云："虎丘春茗妙烘蒸，七碗何愁不上升。"可见，古人对虎丘茶的评价颇高。可是从清代至今，虎丘茶名渐衰，而洞庭山出产的碧螺春却大张其名，为世人所喜爱。如苏州人周瘦鹃说："过去我一直爱吃绿茶，而近一年来，却偏爱红茶，觉得酽厚够味，在绿茶之上；有时红茶断档，那么吃吃洞庭山的名产绿茶碧螺春，也未为不可。"

花叶与书页，深处自有香，喝茶之余，顺带捕捉一些风雅的遐思，以此记录清奇可玩的时光之一页：

明 文徵明《浒溪草堂图》（局部）

双井白芽、湖州紫笋，像一个对偶句；唐宋的清词丽句，宛如西湖龙井，香气细致、简约；古人的书牍、名家的书话，恰似久泡的信阳毛尖，茶味隽永；澄澈从容的散文，好似黄山毛峰，清苦澹然；情节生动的小说则是六安瓜片，醇香厚实……

文风不一，茶味也不同。品尽了淮南茶区的古今风流。

【原文】

剑南：以彭州上，生九陇县马鞍山至德寺、棚口，与襄州同。绵州、蜀州次，绵州龙安县生松岭关，与荆州同；其西昌、昌明、神泉县西山者并佳；有过松岭者，不堪采。蜀州青城县生丈人山，与绵州同。青城县有散茶、木茶。邛州次，雅州、泸州下，雅州百丈山、名山，泸州泸川者，与金州同也。眉州、汉州又下。眉州丹稜县生铁山者，汉州绵竹县生竹山者，与润州同。

【译文】

剑南道：以彭州产的茶为最佳，产于九陇县马鞍山至德寺及棚口的茶，和襄州的一样好。绵州、蜀州产的茶次之，绵州龙安县的茶产于松岭关的，和荆州的一样；产于西昌县、昌明县及神泉县西山的茶都比较好，但过了松岭的，就不值得采摘了。蜀州茶产于青城县丈人山的，和绵州的一样。青城县还产散茶、木茶。邛州产的茶居次，雅州、泸州产的茶又差些，产于雅州百丈山、名山及泸州泸川的茶，和金州的一样。眉州、汉州产的茶又差一些。眉州茶产于丹稜县铁山的，汉州茶产于绵竹县竹山的，和润州的一样。

剑南：风烟俱静

剑南，唐贞观十道、开元十五道之一，以在剑门山以南为名。辖境包括现在四川的大部和云南、贵州、甘肃的部分地区。

剑南山区的古镇，洋溢着幽深绵远的秋天气息。这里的风气相当文雅，往昔的习俗还保存了一些。

普通人家的生活，喝茶是一项很重要的功课。每日闲暇时，人们总会泡上一杯茶，看远处的夕阳西下，古镇的塔影，风烟俱静，宛然一幅人间乐土图。

回眸剑南茶区，这样一处枝繁叶茂的地方，怎么能与茶没有牵扯呢？这一历史上茶叶的风水宝地，茶气十足。剑南茶区集中了四川省一带的温江、绵阳、雅安、宜宾、乐山、万县等地，山势巍峨，峰峦挺秀，绝壑飞瀑，重云积雾，就像一幅泼墨的山水画，在人们面前慢慢展开。那些茶树，只生长在难以抵达的幽深山谷，与世隔绝，难以采摘，却又丝毫无骄矜。雾障迷蒙处，正是产茶佳地。

据古书上描绘，这里的环境是"高不盈尺，不生不灭，迥异寻常"；茶是"味甘而清，色黄而碧，酌杯中，香云罩覆，久凝不散"。细看凝望，慢慢有了一种属于通感的想象，让人心驰神往。

如四川雅安，就出产观音寺茶、太湖寺茶等名茶；四川的蒙山上出产的蒙顶茶，有"仙茶"之誉。宋代诗人文彦博有诗："旧谱最称蒙顶味，露芽云液胜醍醐。"（《蒙顶茶诗》）它们是这样的香，气味清雅，被大自然厚重的寂静所吸收，令人不带一丝杂念。

在一本茶书中，有一张蒙顶山茶的图片，小巧地依附于书页之间，翻开来，让阅读也变得仔细而缓慢起来。许次纾在《茶疏》里也说："古今论茶，必首蒙顶。蒙顶山，蜀雅州山也，往常产今不复有。即有之，彼中夷人专之，不复出山。蜀中尚不得，何能至中原、江南也。今人囊盛如石耳，来自山东者，乃蒙阴山石苔，全无茶气，但微甜耳，妄谓蒙山茶。茶必木生，石衣得为茶乎？"

蒙顶山茶，属于古茶，它就像从豪门走出来的富家子弟，却身世飘零，沦落于此时此地，有着清晰、清俊的纹理。初知这一点，内心仿佛有纤细如须的触动，也有品茗时的音韵清明。

再如成都一带，自是古风遗存，有成片的古茶区，因产茶而命名的茶坡、茶山、茶溪比比皆是。这里的蜀茶，据《太平广记》卷三十七的《膳夫经手录》记载："蜀茶南走百越，北临五湖……自谷雨后，岁取数百万斤，散落东下。"可以想见，当时的蜀茶正处在好一派兴旺的时光。

就像一名茶师，需操起一副不锈钢的小锤小钻，对着茶砖轻敲细打，才能把敲下的碎片铲入紫砂壶中。唯有通过一些史料，才能将那些"茶碎片"拾掇起来,将剑南茶区的这一壶茶泡出点味道来:剑南茶区的产茶地汉州是古代去北方的通道,为战略重镇,因而在古代有"争蜀必先破汉州"之说;茶产地邛州、雅州、泸州也是古代茶马交易中心;邛州、雅州更是通往江南、西藏的要地……虽是走马观花似的掠过,但明显能感受到剑南茶的深厚意蕴。

高山云雾氤氲之间,有剑南茶树的轮廓,茶花乍放的清晰,亦有雾凇涓流的婉约,与周围的阔叶林、野兰花、溪流一起,交织出一幅风烟俱净的远景,铺叙着关于剑南茶的史实。

只有剑南,唯有剑南,信笔经营自己的茶文化,才能立足于一方之地。

清 金农 《玉川先生煎茶图》

【原文】

浙东：以越州上，徐姚县生瀑布泉岭曰仙茗，大者殊异，小者与襄州同。明州、婺州次，明州贸县生榆荚村，婺州东阳县东自山，与荆州同。台州下。始山丰县生赤城者，与歙州同。

【译文】

浙东地区：以越州产的茶为最佳，产于徐姚县瀑布泉岭的茶被称作仙茗，大叶的比较特殊，小叶的和襄州的一样好。明州、婺州产的茶次之，明州茶产于贸县榆荚村，婺州茶产于东阳县东自山，两者都和荆州所产的一样。台州产的茶差些。台州茶产于始山丰县赤城的，和歙州所产的一样。

【点评】

浙东：素瓷绘山水

浙东，唐代浙江东道节度使方镇的简称。乾元元年（758）置，治所在越州（今浙江绍兴），辖境相当于现在的浙江省衢江流域、浦阳江流域以东地区。

人问东晋大画家顾恺之浙东山水，曰："千岩竞秀，万壑争流。"喝过浙东的茶，感觉那茶就好似有万壑争流，从齿间潺潺流过，顺着浙东山林的边缘，修饰着周遭的风景。茶色里，仿佛有着均匀的粼波，一色的青，介于性灵和婉约之间。

浙东茶区得山水之胜，茶叶历史悠久，在唐代得到了更大发展。

以越州瓷为基础，浙东茶仿佛是从窑址捡回的一些乌釉碎片，细细品赏，轻轻把玩，趣味正在其中。

浙东与剑南相比，一个是浙东秀女，一个是剑南名士。浙东山水温润如器，山水写意的意味更浓。

这里的地气、茶性都很清晰。处于礼仪之美的浙东山境，这里的绿茶一路走来，从那不规则的横截面里，即使隔了久远的时间，还能感受到它茶意鲜美的一面。浙东茶以淡定的回归和重建，让曾经消失的诗意聚集，所体现的是一种澄静的心性与精神。

浙东茶区基本集中在今天浙江的宁波、绍兴、金华一带，有瀑布岭仙茗、剡溪茶、明州茶、东白茶、举岩茶、婺州方茶。假如一股脑儿地喝下去，一定有些白描山野风情的感觉吧？

想了解浙东茶区的奥秘，天台茶是一部绕不开的书。

1927年，已在北平的朱自清先生在一封信（《不忘台州》）中说："我不忘记台州的山水，台州的紫藤花，台州的春日，我也不能忘记S。"

山水、紫藤花、春日，又怎能没有茶呢？

"自古深山出名茶。"台州地形三面环山，一面临海，天台山、大雷山、括苍山由北向南蜿蜒曲折，形成了无数适宜茶叶生长的山地、丘陵、缓坡。

"天台四万八千丈，对此欲倒东南倾。"天台山群峰延绵，山谷幽邃，树木葱茏，土地肥沃，终年云雾缭绕，非常适合茶树生长。

清 杨晋 《豪家佚乐图》（局部）

一切都像是预期的那样，一旦探幽其中，便可知那里的宝藏是索之不尽的。在海拔一千多米的华顶寺一带，古木森森，云雾终年不散，盛产华顶云雾，为中华名茶谱添上浓浓一笔。

以茶为灵感，诗人们自然诗性大发，文采斐然者比比皆是，诗笔较为深细，有悠情绵邈的意境。

有人钟情剡溪茗："越人遗我剡溪茗，采得金芽爨金鼎。素瓷雪色缥沫香，何似诸仙琼蕊浆。"

有人得意于洞平茶："境陟名山烹锦水，睡忘东白洞平茶。"

有人有志于东阳茶："秋茶垂露细，寒菊带霜甘。"

"饮罢佳茗方知深，赞叹此乃草中英。"品茶论诗，好比那书法中的一撇一捺，字字可见真性情。

说到底，笔尖上的诗人们绝非粗茶不饮，唯名茶而喜之。他们也学会了一些婉转，也能喝出粗茶背后的用心，这才是最为珍贵的。

【原文】

黔中：生思州、播州、费州、夷州。

【译文】

黔中道：茶产于思州、播州、费州、夷州。

【点评】

黔中：深山茶味佳

黔中，唐开元十五道之一，唐开元二十一年（733）分江南道西部置。辖境大致包括重庆西南部、湖北省西南部、湖南省西部、贵州省西北部一带。

这么密集繁冗的茶产地，有时也得用些简笔一带而过，才能将那古人造茶的痕迹交代清楚，这对于平衡整个茶产区有些微妙的趣味，实在是不可缺少的。

　　黔中茶区像是偶尔淘来的一本线装书，初看并不起眼，却古朴珍贵，渐受青睐。

　　这是更远一点的南方，山高、雨多、气寒、雾浓，基本集中在四川遵义、涪陵、贵州铜仁一带，经陆羽之笔淡然一描，越发显得润泽。想象那里朴实质诚的茶民在雨雾中徐徐劳作的剪影，有缄默与克制，也有种从容淡泊的宁静。

　　汉代的播州为夜郎国地。据记载："夜朗（郎）箐顶，重云积雾，爰有晚茗，离离可数，泡以沸汤，须臾揭顾，白气幂缸，蒸蒸腾散，益人意思，珍比蒙山矣。"意思是说，夜郎山顶云雾盘绕，所出产的茶叶并不多，泡出茶来白气腾散，喝后却神清气爽，与蒙顶黄芽不相上下。

　　如此一说，黔中茶的地位便十分微妙了。从夜郎茶入手，就像拈起一款古茶盅，细小的茶嘴里，流出汩汩的黔中茶水，出汤十分顺手。

　　再说奇秀、雄险的武夷山，有着与生俱来的神秘与庄严气质，那里奇峰峭拔、秀水潆洄，形成一幅绝美之景。在独石成峰的峡谷之中，随处是晶莹碧绿的茶园，阳光下，每片茶叶都展现着灵光。其中表现出特殊的遒劲度和厚重感，绝对是从这些地名就可以推导出来的。

　　此地所产的思州茶、播州黄茶、费州茶、夷州茶，其中仿佛有种神秘的东西不可讲述，又像是伴幽兰而生，集兰香而成，茶味独特。所以，陆羽说："往往得之，其味极佳。"

因为茶，这些偏远之地在人们眼前不由得金贵起来。

其实，人们所获得的喜悦远不止这些。贵州茶那种特有的阅历和意蕴，像是用反复叠加的油画和厚重斑驳的笔触，营造出了神秘与浪漫。

茶文化的个性，很大一部分来源于其特殊的地理、人文环境以及独特的制作工艺。比如喝乌龙茶系列中的武夷山岩茶，就像是遇到了一位戏路极宽的演员，它扮演的角色多种多样，品味出的效果也各不相同。其中有端庄的水仙、侠义的白鸡冠、野性的铁罗汉、威武的水金龟、富贵的大红袍、好性的肉桂、霸气的乌龙、任性的半天妖、慈眉的老君眉、爽利的雀舌、落寞的不知春、识书达理的雪梅、精致的金锁匙、柔韧的佛手、通秀的白瑞香、妩媚的白牡丹、俏皮的奇丹……

武夷山脚下，一对老夫妻开的茶店，几张八仙桌和椿凳，八仙桌无漆，露出木纹和隙缝，有几位山野之人围坐在那里喝茶，难得的安静和疏朗。武夷山人毕竟不是一般的茶人，他们自有消遣的方式。

查阅资料，这其中味极佳的有：

湄潭翠芽、都匀毛尖茶、鹦鹉溪的宴茶、贞丰坡柳茶、赤水珠兰茶、湄潭眉尖茶、石阡龙泉茶、思州绿茶、关岭煤山茶、黎平洞茶、安顺鸡场狗场茶、清平香炉山茶、遵义金鼎茶、都匀鱼钩茶、桐梓后箐茶、夜郎箐顶茶、务川高树茶、铜仁东山茶、贵定云雾茶、龙里东苗坡茶、威宁平远茶、大定果瓦茶等。

这些都是当时名噪一时的地方名茶或贡茶，只是它们太过古雅，看上去像是身着古装、浑朴古雅的古人。只宜慢慢细品，不宜大声喧哗，交流分享。

犹如凝神、注目，看着掌中大小的薄盖碗在纤细的指间出入翻转，这些品味极佳的贵州茶赢得了人们的注目。

贵州绿茶的茶味如此饱满，因此风格才如此鲜明，正是陆羽所言"其味极佳"的写照。难得的是，每一种茶都给人这一隐隐的指向。除此之外，它还有"味殊厚""春味长"的说法，所谓秀甲天下，自是令人难忘。

其中，兰馨雀舌在贵州茶中拔得了头筹，算是当家花旦，骨子里达到极致的清贵，因而它被赞为"有着春天的味道"。

至于湄潭，是茶叶重县，也是贵州名茶的故乡，在贵州这方土地上演绎了一曲茶之欢歌。20世纪三四十年代，国民政府在湄潭设立中央试验茶场，而浙江大学又西迁至湄潭。办学期间，湄潭得以传承、推广西湖龙井的制作工艺，从此产生了湄潭龙井、湄江茶、湄江翠片等名茶品牌。

当静下心来，贵州茶的影像就会清晰地显现出来，是那样鲜妍明媚。原本庸陋的茶景，再映入眼帘时，仿佛多了一些鲜艳的色彩，纷扰困顿的心情，也仿佛变得澄明、释然。

明　崔子忠《杏园夜宴图》（局部）

【原文】

江南：生鄂州、袁州、吉州。

【译文】

江南道：茶产于鄂州、袁州、吉州。

【点评】

江南：人文茶思

江南，唐贞观十道之一，因为在长江以南而得名。其辖境相当于现在的浙江、福建、江西、湖南等省，江苏、安徽的长江以南地区以及湖北、重庆的长江以南一部分和贵州东北部地区。

春五月，行走在江南，极易淹没和漂流在茶产地的汪洋大海中，潮涨潮落，气象万千。能以一叶之轻，牵众生之口者，唯江南茶是也。

通过收集有关史料，可以勾画出江南茶的发展脉络。有一本书的图录收有不少江南名茶，并不单纯只是对茶文化的描述，而是具有某种文化寓意和精神诉求。细细品读，茶光粼粼，让人遐思，味觉也被生动地调动起来，以至想象力能抵达其中的奇情异致。

每个地方都以不同的方式，接纳了这株小小的植物，在山水与书籍之间流连，就可以贯串起江南茶的细节点滴。

轻轻灵灵地打开比毛边纸还要轻的薄膜，白毫微微，绿光幽幽。泡了一杯宜春茶，呷上一口，已觉得清风自向舌端生了。如果做一点笔记，那就是：

> 袁州，相当于现在的江西宜春，有界桥茶；
>
> 鄂州，今湖北黄石咸宁，有鄂州茶；
>
> 吉州，为今江西井冈山，有吉州贡茶、吉安茶。

顺着笔尖记录，眼前仿佛呈现出一片绿意葱茏。看似平淡的江南茶文化，却有着鲜为人知的精彩一笔，有着文心烛照下的一点茶思。

江南茶区位于长江中游南部，为古人种茶之地。仿佛是为了印证陆羽的说法，袁州在明清两代依然有"茶芽入贡"。借助地方史志，信手拈来的便是以下的茶情：

比如袁州的界桥茶，据五代毛文锡的《茶谱》记载："袁州之界桥，其名甚著，不若湖州之研膏、紫笋，烹之有绿脚垂下。"

元代马端临的《文献通考》则补充说："绿英、金片出袁州。"

一直到清代康熙年间，当时的《宜春县志》还说："茶……今惟称仰山稠平、木平者为佳，稠平尤号绝品。"

江西的宜春，境内丛峦叠嶂，飞瀑流泉，云蒸雾绕，土壤肥沃，气候温润，最适宜茶叶生长。可以说，宜春种茶历史悠久，历代胜产名茶，在唐代，为界桥茶；在宋代，为袁州金片；元代是绿英金片；到了明代，则是云脚等，均为有名的茶品。后人在作品中反复引用，并表达赞不绝口之情，仿佛成就了一篇篇短小精悍的杂感。

江南茶区的几处茶产地并不为人所熟知，唯有攀山岩茶道，拨一路荆棘，去慢慢认知它们。

有的茶并非名茶，在品茶图典之中，甚至都没有记载。但是在盅盅沏淡的茶水之后，人生得到平淡、清和的心绪，便获得了一份圆满。

对江南茶的好感，源于那几首诗句。那是一些美妙的诗句，多清静修洁，不蔓不枝——"他年雪堂品，空记桃花裔""春风修禊忆江南，洒榼茶炉共一担"。缕缕清逸茶香，伴随着茶诗，那是江南茶旧日的甜美，让人无以言表；又宛若杯中春茶，在浮沉过程中释放出清香，都能吸引人停顿下来，饮上鲜灵的一口。

只是，茶诗的格局太小，就像初泡时茶味未出，仅用诗歌，容纳不了这些茶华丽的身影。于是，此处的采茶戏、采茶歌、采茶舞慢慢多了起来。从不佳处找到妙处，在看似平淡中找到闲味。

生活之中，自是处处有乐，而在茶人看来，乐必雅，雅必精。

蓦然回首，茶的脚步在这里长时间驻足徘徊，留下了丰厚的人文资源，如一路飘散着茶叶一般，自有浑然的芳香之气。

这还在其次。茶的最大迷人之处，在于她所承载的江南意象。实际上，像在茶树上捕捉春天的人生，江南茶人从茶赋、茶诗、茶词、茶曲、茶文、茶联，到茶的书法、绘画、篆刻、雕塑，及至茶的戏剧、

明 丁云鹏 《玉川烹茶图》

音乐歌舞、影视、茶艺，均有绝妙的茶语茶话，简直可以编成一部茶典，也多了几分富有人文色彩的谈资，让人斯斯文文地去品味。

【原文】

岭南：生福州、建州、韶州、象州。福州生闽县方山之阴也。

其思、播、费、夷、鄂、袁、吉、福、建、韶、象十一州未详，往往得之，其味极佳。

【译文】

岭南道：茶产于福州、建州、韶州、象州。福州的茶产于闽县方山的北坡。

关于思州、播州、费州、夷州、鄂州、袁州、吉州、福州、建州、韶州、象州这十一州所产的茶，还不是特别清楚，有时得到一些产自这些地方的茶，品尝一下，觉得味道非常好。

【点评】

岭南：南方佳人

岭南，唐贞观十道、开元十五道之一，因在五岭之南得名。辖境相当于现在的广东、广西、海南三省区、云南南盘江以南及越南的北部地区。

江南是序，岭南是跋。

苏东坡在《次韵曹辅寄壑源试焙新芽》中写道："仙山灵雨行云湿，洗遍香肌粉未匀。明日来投玉川子，清风吹破武陵春。要知玉雪心肠好，不是膏油首面新。戏作小诗君莫笑，从来佳茗似佳人。"

"从来佳茗似佳人"，这一诗句用来比拟岭南的好茶，再恰当不过了，就像把茶史中庞大而繁杂的形式释放掉，余下的，就是一种气息。

岭南是首史诗，野草疏木，自有其粗犷的气息。茶区集中在今福建福州、建瓯，广东韶关，广西象州一带，那些梯田式的茶园层层叠叠，像排天的绿色波浪，有一种曼妙在空间延展。

"世间绝品人难识，闲对茶经忆古人。"看那些岭南名茶：方山露茶、金饼、柏岩茶、唐茶、福州正黄茶，像一堆关系松散的朋友，人们并不能确切地了解它们。但是看闽人的茶谱、闽人的脾性，香艳之感云蒸霞蔚，顿时扑面，氤氲生动起来。

就拿建州来说，此地多产名茶。元代历史学家马端临的《文献通考》记载："片茶之出于建州者有龙、凤、石乳、的乳、白乳、头金、蜡面、头骨、次骨、末骨、粗骨、山挺十二等，以充岁贡及邦国之用，泊本路食茶。"

福建龙溪人林语堂好茶，品茶之余，有过精辟的言论："明前龙井犹处子也，淡而清，味微苦而隽永。明后茶如少妇，浓酽适度，淡淡皆宜，少妇则心性开放，此时茶味酽然皆出，苦甘俱来，谓之浓茶浅醉。而秋后茶如中年妇，识世间风味，知人情冷暖，此时茶味苦甘俱备，而风韵犹绝。"

林语堂在饮甘白之余，还有著名的"三泡说"："第一泡譬如一个十二三岁的幼女，第二泡为年龄恰当的十六女郎，而第三泡则已少妇了。照理论上说起来，鉴赏家认为第三泡的茶为不可复饮，但实际上，则享受这个'少妇'的人仍很多。"

从茶之少女到茶之老妇，品味女人的一生，这是喝茶的额外收获。

陆羽对岭南茶区十一个州茶的情况不大了解，比如他的《茶经》，就没有细致地评价建安的茶品，以至到了北宋，蔡襄专作《茶录》一书，来对建安之茶的烹煮、点试等情况，进行了详细的说明。还有对岭南茶持有不同意见的学者，如明代学者田艺蘅的《煮泉小品》中记载："茶自浙以北皆较胜。惟闽广以南，不惟水不可轻饮，而茶亦当慎之。昔鸿渐未详岭南诸茶，但云'往往得之，其味极佳'。余见其地多瘴疠之气，染着水草，北人食之，多致成疾，故谓人当慎之也。"这完全是主观臆见想当然。其实，福建的铁观音尤其是武夷岩茶，可谓乌龙、铁观音类茶的全国之最。所以，在陆羽眼中，岭南茶区之茶"往往得之，其味极佳"，这句话，就像定焦镜头，让人忽略了一切背景，而将其中的细节一点一滴地放大，他的文气轻轻松松抵达了人们对岭南茶的想象。茶文化永远是润物无声的，但能量巨大。茶的博大精深，让人津津乐道，浸润其中，会不由自主冒出一个相当精彩的句子。

清《弘历观月图》

中国茶叶博物馆编著的《中国名茶图典》，颇具权威性。其中罗列的《名茶图录》颇有代表性。白茶一栏，列有三种——白牡丹、白毫银针、寿眉，清晰而又充满着意趣。这三种茶的产地皆在福建，那个地方如茶的幽谷一样沉静，可见产白茶之盛了。这个信息的传递方式，是趣味盎然的。

《名茶图录》匀出工夫来扩展视野，纵观中国茶的全景。书中列了福鼎白茶，仿佛在汗牛充栋的茶经文献中，假如只允许挑一种来品，似乎就非它莫属。可想而知，这白茶如同它毛蟹般的叶芽一般，挠着爱茶人的心。

在上海原闸北区的福鼎白茶馆，曾了解到寿眉、白牡丹、白毫银针，了解白茶的风姿底蕴——

只见茶艺师移步桌前泡茶、端茶。她行茶优雅，动作不疾不缓，举手投足之间尽显姿态优美。备具、温壶、置茶、温润、冲壶、温杯、干壶、分茶、闻香、品茗……近距离观赏着茶器细节，这行云流水的"清茶"过程，也让人领略了茶艺师的风采，感受到生命的活泼有力。

一枚叶片形的白碟子里，盛着寿眉，茶形很像寿星的眉毛，汤色偏深，是橙黄色的，迎面仿佛有清鲜的香气扑来。比起那些陈陈相因的茶名，"寿眉"的确是别具一格的，它像是隶书，文气而安详。白毫银针的浓香丰腴，像香艳少妇；而藤茶的枯淡静寂，像山中老僧。

岭南，岭南……只是轻声读来，就被一种古朴浪漫的气息包围，让人不断拂下心尘，慢慢修炼成一枝花。

这一将茶之丰盈承载得最为坚实的茶区，让人们密集地见证了茶文化的发展。鉴于各地茶文化的蓬勃发展，茶产地的版图也有了重画的可能。

九之略

文人茶道

【原文】

其造具：若方春禁火之时，于野寺山园丛手而掇，乃蒸，乃舂，乃□，以火干之，则棨、扑、焙、贯、棚、穿、育等七事皆废。

其煮器：若松间石上可坐，则具列废。用槁薪、鼎锅之属，则风炉、灰承、炭挝、火筴、交床等废。若瞰泉临涧，则水方、涤方、漉水囊废。若五人已下，茶可末而精者，则罗废。若援藟跻岩，引絙入洞，于山口炙而末之，或纸包、合贮，则碾、拂末等废。既瓢、碗、筴、札、熟盂、醝簋悉以一筥盛之，则都篮废。但城邑之中，王公之门，二十四器阙一，则茶废矣。

【译文】

关于制造饼茶的工具：如果正当春季寒食节前后，在郊野寺院或山林茶园，大家一起动手采茶后，即刻蒸熟，捣碎……用火烘烤干燥，那么，棨（锥刀）、扑（竹鞭）、焙（焙坑）、贯（细竹条）、棚（置焙坑上的棚架）、穿（细绳索）、育（贮藏工具）等七种工具以及制茶的七道工序都可以省略了。

　　关于煮茶的用具：如果在松林之间，有石头可以放置茶器，那么"具列"（陈列床或陈列架）就可以省略不用。如果用干柴鼎锅之类的器具烧水，那么"风炉""灰承""炭𣡡""火𮊹""交床"等都可以省略不用。如果在泉边溪处（用水方便），则"水方""涤方""漉水囊"也可以省略不用。如果是五个人以下外出游玩，茶又可以碾磨得较为精细，罗筛就可以省略不用。如果攀藤附葛，登上险岩，或拽着粗大的绳索进到山洞，要在山口把茶烤好并且碾磨成细末，碾好的茶末有的用纸贮存，有的用盒子装，那么，"碾""拂末"也可以省略不用。要是瓢、碗、竹𮊹、札、熟盂、盐等都用筥来装，那么"都篮"也可以省略不用。但是，在城市里或者王公贵族之家，如果这二十四种茶器缺少了一样，都会失去饮茶的雅兴。

【点评】

变通的茶道精神

　　秋一转深，人的味觉似乎也随着季节逆转了。高悬的明月，照着眼前的一碗茶，想起唐代诗人刘禹锡写下的那首《尝茶》：

　　生拍芳丛鹰嘴芽，老郎封寄谪仙家。今宵更有湘江月，照出霏霏满碗花。

　　读诗，阅经，品茗，这是浮世中平常人的生活，似从活色生香的《茶经》中嗅出草木的气息，从容，安静。

　　陆羽笔下的茶，带着庄重的仪式感。除了对其中的细节进行描述，陆羽的茶艺美学主义甚至渗透到更为具体的对茶道精神的提升。

　　对于唐人来说，按着程序一道一道地品茶，日子真的一天天庄重起来。在《二之具》中，只是采制饼茶的工具就有十九种；在

唐　周昉　《调琴啜茗图》（局部）（美国佛利尔美术馆藏）

《四之器》中，只是煮茶和饮茶的用具，就有二十四种。每一种工具，每一样用具，每一道工序，都显得那么俨然，构成了简约有序的茶道理念。而通过或简或繁的描述，茶道精神被最大化地呈现了出来。这是人们在生活日趋精致的今天，喝茶却依然粗俗、不甚讲究的主要原因。

如此多的信息汇聚一处，可以说，人们面对的不是一道茶，一种茶，一本书，而是一个时代。陆羽作为一个茶人，将唐代人对茶艺的执念引入茶道之中，至简至朴，又至深至厚，推进了中国茶文化的美学品格。这其中既深蕴着茶道精神，又有茶人的哲思，需要揣摩、细研，才能推究出其中的奥妙。

从各个层面来看，随着陆羽的提倡与推广，茶道的理念渐入人心，应是左右唐代制茶的主要所在。从中不难看出，从唐人日常饮茶的细节生发出的"茶道"，逐渐体系化，可见茶文化的博大精深。只有在这个茶道理念的统领之下，唐代的茶文化各个根节枝蔓，才得以有真正意义上的延伸。

陆羽《茶经》中的《九之略》，就是考虑到具体的情况，简化了制茶、煮茶、饮茶的方式，是不违背茶道精神的。

之一：略制茶工具

明代青藤道士徐渭是一位书画家，也是一位茶专家，他在《煎茶七类》中记载"茶宜"一项说："凉台静室，明窗曲几，僧寮道院，松风竹月，晏坐行吟，清潭把卷。"煎茶虽属微清小雅之事，但是器具、茶品均要相宜才好，属于日常的幽静和美好。据《岩栖幽事》记载，宋人黄山谷曾作《煎茶赋》："泅泅乎如涧松之发清吹；浩浩乎如春空之行白云。"可谓得煎茶三昧。

文人的性情是随意的，因此饮茶也是随意的。在古代，饮茶活动可在松间石上，泉边涧侧，甚至可在山洞中。唐代的茶道，对环境的选择也重在自然，多选在林间石上、泉边溪畔以及竹树之下清静、幽雅的自然环境之中。《剑扫》里也说："煎茶乃韵事，须人品与茶相得。故其法往往传于高流隐逸，有烟霞泉石磊块胸次者。"这种烟霞情怀，正需要选在自然环境之中，才会释放出来。

喝茶，并不是单纯地喝茶，而是为了领略清风、明月、松吟、竹韵、梅开、雪霁等自然意境，否则便是辜负了这般好景致。

陆羽认为，在一定的条件下，有些茶具、茶器是可以省略的。这就是说，为了闲适与自由，只须做一些应景的雅事，不必机械地照搬照用，这也符合赏景的心境，活泼且有生机。把过程简化一下，大致是这样：

其造具：若方春禁火之时，于野寺山园丛手而掇，乃蒸，乃舂，乃口，以火干之，则棨、扑、焙、贯、棚、穿、育等七事皆废。

在陆羽看来，制茶的工具其实大可不必拘泥于这些，只要是用

明　唐寅《熙煮东山》扇面

着顺手，觉得风雅就行。因而在此，他颇具颠覆性地一下子省略了《三之造》中烦琐的制茶工序，将采、蒸、捣、拍、焙、穿、封等条条框框置之脑后；紧接着，他又省略了《二之具》中若干的制茶工具，只需要采茶、蒸茶、捣茶、拍茶工具和芘莉即可。

陆羽对待茶事的率真清朗，让人喜欢上他的那股子真性情。

之二：略煮茶之器

如果仅仅只是略去茶具的制作，陆羽的变通就不会那么为人称道了。实际上，他主张在野寺山园、松间石上等幽野之处饮茶时，复杂的程式和器具都可以省略——

其煮器：若松间石上可坐，则具列废。用槁薪、鼎䥶之属，则风炉、灰承、炭挝、火筴、交床等废。若瞰泉临涧，则水方、涤方、漉水囊废。若五人已下，茶可末而精者，则罗废。若援藟跻岩，引絙入洞，于山口炙而末之，或纸包、合贮，则碾、拂末等废。既瓢、碗、筴、札、熟盂、鹾簋悉以一筥盛之，则都篮废。

实际上，"石眼汲泉煎翠茗"的生活也不错，陆羽娓娓道来，很有自己的识见和经验，一切均宜简不宜繁，随地而宜，饮的感觉便鲜明突出地显现出来了。

可见，观念归观念，这位杰出的茶人对茶文化的审美规范却是可以变通的。茶器简化之后，品茗的过程自然就出现了呼吸的空间，像文章中的逗号，让观者可以歇息片刻，感觉舒畅和温馨。

因环境的变化，饮茶也产生了新的规范，有一种必要的节奏变化，使品茶更趋有趣。唯有变通，才能不负一杯清茗的润泽。

在《九之略》里，不过短短一百七十字，却可以看到陆羽对现采、现制、现煮、现饮的癖爱，也可以看到在松间、岩上、洞中所谓高雅之士的饮茶风尚，同时还可以看出陆羽所提倡的饮茶规范的实质所在。

凡事凡物皆可变通。顺着陆羽的思路，可以让人想起一桩文人逸事。唐代的茶则，当代小说家荆歌先生却将之用来理香。他用友人送的一柄唐代茶则来添加香粉，因"其轻其巧，其古其美，令炉

宋 佚名 《宋人人物册》

中不绝如缕之香气，有了一份散逸之意"，听上去，带着简静的香气，是风雅文士的珍品。

自有茶事以来，陆羽对茶道的勾勒很有韵味，情境婉转多致，弥散着说不出的余韵。唐人学煮学饮，有板有眼。可实际上，不过分拘泥，那些烦琐的茶饮才会变得亲切起来。唯有如此，在轻松的品饮气氛里，才能天南地北地分享着对时局的看法。

这样的茶人情怀，让人品味到独与天地精神往来的杯中山川景象。

之三：风雅的王公之门

水煮春茶满室香，茶是生命的胎记。古人称喝茶为"品茗"，三口为品，倾注的不仅是时光，不仅是风雅，还有一份深情，一份耐性。

徐渭在《煎茶七类》中说：

"饮茶宜凉台静室，明窗曲几，僧寮道院，松风竹月，晏坐行吟，清谈把卷。"

"饮茶宜翰卿墨客，缁衣羽士，逸老散人，或轩冕中之超轶世味者。"

"除烦雪滞，涤醒破睡，谭渴书倦，是时茗碗策勋，不减凌烟。"

此等清谈品茗，颇令人有一种超然的意境。要获取一杯上好的香茗，茶、水、火、器四者相配，缺一不可。

温壶、烫杯、沏茶、敬茶，此为茶趣。

"细炭新沸连壶带碗泼浇，斟而细呷之"，这是工夫茶的喝法。说起来，唐代的王公贵族，似也以这样一丝不苟的沉稳来对待茶饮。不仅如此，他们还有更为苛刻的讲究：

但城邑之中，王公之门，二十四器阙一，则茶废矣。

意思是说，城市之中贵族之家，如果二十四种器皿缺少一样，就失去饮茶的雅兴了！

见茶器如见茶人，这是唐时的讲究，所以陆羽才能据此谱出一本《茶经》。其实，真正有条件实践他的风雅标准的，说起来都是世家公门。

陆羽总结的饮茶工具二十四种，以今日观之，必然烦琐不堪，比寻常所见的潮汕、闽南的工夫茶（开水壶、火炉、茶壶、茶盏）

宋 兔毫盏

和日本茶道，都有更多的门道，以至于达到"远近倾慕，好事者家藏一副"的地步（唐封演《封氏闻见录》）。

虽是如此，饮茶门槛却大大提高了，是很多人所不能及的，更谈不上深入寻常百姓家了。

可陆羽的茶道并不是一成不变的，它并未脱离日常生活的节奏和章法，他用茶诠释出了更为精彩浓重的一章。《九之略》讲的皆是在什么环境下，有些器物不要也罢——除非你身在王公之门。由此可见，陆羽实是一个不拘于器，只求茶叶真味的妙人。

《九之略》之茶道，是文人茶道的独特体现。《茶经》在茶道取向上，是以"精行俭德"为内核，而《九之略》是以"自然"为内核。《九之略》的茶道取向，正是陆羽的茶道取向，它对唐代以后茶文化的发展走向以及形成文人主流茶文化产生了深远影响。

饮茶虽有讲究，但更强调不拘泥于形式。所以，人们传承的中国茶道不是形式，而是茶之"神"——是精神，是文化，是境界，是素养。

正是在这个意义上，与其说人们敬重陆羽的思辨之理，不如说更推崇他的变通茶道。

简而从之，茶而饮之，自己喜欢就好，繁文缛节不要也罢。

茶经

冬

十之图

茶经『烟云录』

【原文】

　　以绢素或四幅、或六幅分布写之，陈诸座隅，则茶之源、之具、之造、之器、之煮、之饮、之事、之出、之略，目击而存，于是《茶经》之始终备焉。

【译文】

　　把《茶经》所讲述的茶事内容，或四幅或六幅，分别写在素绢上，悬挂在座位旁边，这样，茶的起源、采制工具、制茶方法、煮茶方法、饮茶方法、有关茶事的记载、产地以及茶具的省略方式等内容，抬眼就可以看见，并记在心里。于是，《茶经》从头至尾的内容也就完备了。

【点评】

冬之日，视茶如归

"饱参笋棕味方回，细呷茶瓯雪渐来。"冬天，最美的事情，莫过于寒夜读书，还有饮茶。

冬之日，喝一杯来自武夷山的手工小种红茶，满心暖暖的。

宋代杜耒有诗云："寒夜客来茶当酒，竹炉汤沸火初红。寻常一样窗前月，才有梅花便不同。"

整个冬天，也都可以饮茶，茶是冬日的小令。人过中年，需过简单的日子，一淡饭，一薄书，一粗茶，慢慢地，用心地，品味古人颜回所谓"最乐之处"。

虽是寻常岁月，可因有了《茶经》便不同。虽是饭白茶甘，也能品出茶道的至深境界。

从《一之源》到《十之图》，仿佛是一幅渐次展开的册页。只

清 漆描金人物纹茶盒

需半盏茶的时光，就可将《茶经》通读一遍。整本书似袁枚的《随园诗话》，一小段一小段的文字读起来，每一个环节，都能映出陆羽的品味格调、境况追求，让人品咂有味。

陆羽是个有始有终的学者，他为了帮助人们莫忘茶事，在《十之图》中提出：

以绢素或四幅、或六幅分布写之，陈诸座隅……

即是说，把《茶经》所讲述的茶事内容，或四幅或六幅，写在素绢上，像室内挂有春夏秋冬四条屏一样，悬挂起来，《茶经》内容就可一目了然。

那一缕缕茶情诗意，凝固在方方细细的素绢之间，无疑会升华出别样的情致；听上去，"陈诸座隅"的《茶经》，虽像是案头小小文玩，但于传统文化之中，却清晰反映出很深的认知。很显然，陆羽这样做富于深意。

随着饮茶的风行，且势力愈盛，它渐从茶事中独立出来——需将《茶经》所述的九项内容书写、装裱之后，另外以简便的方法悬挂起来，用作从容观赏。

言茶者莫精于羽，其文亦朴雅有古意。据《新唐书·陆羽传》记载，"羽嗜茶，著经三篇，言茶之源、之法、之具尤备，天下益知饮茶矣。"陆羽毕竟善写茶书笔记，《十之图》只是精短的一段话，便将以前的茶意简洁明了地概括了，以雅趣之思，为本文画下了

明 文徵明《品茶图》
（台北故宫博物院藏）

句点。在本来属于日常生活的细节中，陆羽提炼出高雅的艺术情趣，并且以此为后世奠定了风雅的基调。一部《茶经》，也就此成为茶之风雅的渊薮。其中的繁复和华丽，是需要用心才能品味出来的。

在饮茶的场合，挂出一幅书写《茶经》的图轴，作为观赏，一个雅致的背景就被烘托出来了，也是饮中雅事。饮茶原有一定的仪式，又要用各种适当的茶具，还要挂一张《茶经》素绢，这样就形成了一个整体的文化氛围。用现代人的说法就是饮茶有一个审美的环境。时时处处，可知前辈风雅，无处不在。

《十之图》的讲究，其实就像是在那一尺半高的红木小屏风上，绘着春夏秋冬四季的茶事底色，然后看陆羽如何对茶经、茶道侃侃而谈，好似看一部茶之"烟云录"。

《韩熙载夜宴图》（局部）

如此丰富的著述，因用简洁古朴的文言写来，不过七千余字，因而可以浓缩在绢帛上，悬挂在壁上，作为艺术发展成熟时代的室内陈设，文人情趣也就此依凭挂轴的形式来传达，拼贴出一份平易近人的茶之美学。

"家有寒山诗，胜汝看经卷。书放屏风上，时时看一遍。"这是传世三百首寒山诗的最后一首。读到这首诗，就会让人想到陆羽，也可以想见盛唐人的洒脱和自信，是那种淡然见深远的风格。

给人较为切近的感觉是，《茶经》一事仿佛日渐从生活中分离出来，而成为一种专门的艺术，并因此把各种装饰也一并纳入礼仪制度。罗先登《续文房图赞》咏玉川先生："毓秀蒙顶，蜚英玉川。搜搅胸中，书传五千。儒素家风，清淡滋味。君子之交，其淡如水。"陆羽挂图于壁上，给人的印象就是"儒素家风，清淡滋味。君子之交，其淡如水"。

"晚来天欲雪，能饮一杯无？"在一种幽静淡远中，体味茶轻雾般的滋味。当把陆羽的《茶经》通读几遍之后，再去饮茶，越发能够感觉到冬天的况味了。

茶意点点幽

陆羽的《茶经》，只有七千余字，薄薄的一本小册子，里面包括的茶的信息，却是厚重的。

对爱茶者来说，《茶经》是邂逅。

从春天到夏天，翻阅《茶经》，读史料。有时喝茶，《茶经》里的有些句子便生动地跳跃出来。同时，也让人想起陆羽的那首《六羡歌》：

> 不羡黄金罍，不羡白玉杯；不羡朝入省，不羡暮入台；千羡万羡西江水，曾向竟陵城下来。

有一份清茶可饮，一份清闲可得，便是福气。

从春到冬，每一道茶，会让人伴随有一些随心随喜的琐忆，那些浑厚的茶情，正与山清水秀、绿肥红瘦的江南相配。

《茶经》书影

读《黄山谷集》，"品茶，一人得神，二人得趣，三人得味，六七人得名施茶"。恍然领悟，深以为然。于独处之时，泡茶品赏沉吟，渐渐体悟到，"静"是习茶必经之道。

休闲的茶，安适的茶，宣义载道的茶……一杯清茶淡水在手，就可以消磨一个下午，也品尽了古今的风雅茶意。

空空落落的庭院里，抖下一团小雾，在光影里细看：

红茶高贵，似华堂贵妇，款款而行；白茶娇嫩，是妩媚的公主，披纱起舞；普洱茶像彝族少女，神色凝重；黑茶质朴浓烈，像一个饱经风霜的老妇；铁观音似神仙，逍遥自在……

青茶沉稳内敛，是内心恬静平和的女子；绿茶灵动可爱，像青春明丽的妙龄女子；黄茶似君子，风度翩翩；白茶似美人，于阁楼中自梳妆；乌龙茶似文人骚客；黑茶似庙堂高贤……

以茶喻女作家，萧红是苦丁茶，张爱玲是六安瓜片，冰心是碧螺春，凌叔华是西湖龙井；以茶喻男诗人，徐志摩是祁门红茶，朱湘是惠明茶，闻一多是铁观音，卞之琳是白毫银针……既是佳人才子，更是人间烟火。

以茶喻画：西湖龙井像是明清小品；乌龙茶如宋代工笔画；普洱茶像是秦汉石刻……

茶带来的想象无穷无尽，这也是由茶所幻化出的茶境。

阅读《茶经》的日子，精神是反省的、回味的、沉思的、分析式的。那古往今来的茶人和茶事，似都能与现实产生联想，这美丽的影像，一时间居然成了感官世界里的全部。

在白日微苦的茶烟轻扬之后，给自己一点甜，带入梦境。而能让一颗心至素至简到底的境界，大约《茶经》一书是可以抵达的。

参考书目

［1］《古茶器》，孙仲威著，时事出版社，2002年1月版；

［2］《茶经图说》，裘纪平著，浙江摄影出版社，2003年2月版；

［3］《茶经述评》（第二版），吴觉农主编，中国农业出版社，2005
年3月2版；

［4］《寻访中华名窑》，钱汉东著，上海古籍出版社，2005年9月版；

［5］《文人品茗录》，蒋星煜、卢祺义著，上海远东出版社，2007年
4月版；

［6］《中国名茶图典》，中国茶叶博物馆编著，浙江摄影出版社，
2008年1月版；

［7］《苏东坡美食》，伊俊编著，中国华侨出版社，2009年1月版；

［8］《图说茶具》，唐译主编，北京燕山出版社，2009年11月版；

［9］《无茶不文人》，朱郁华著，广西师范大学出版社，2010年1
月版；

［10］《问茶》，秦燕春著，山东画报出版社，2010年7月版；

［11］《茶经》，陆羽著，沈冬梅编著，中华书局，2010年9月版；

［12］《图解茶经》，唐译编著，内蒙古文化出版社，2011年1月版；

［13］《茶经》，陆羽著，浙江古籍出版社，2011年1月版；

［14］《茶之书·"粹"的构造》〔日〕冈仓天心、九鬼周造著，江川澜、杨光译，上海人民出版社，2011年8月版；

［15］《茶文观止》，杨东甫、杨骥著，广西师范大学出版社，2011年12月版；

［16］《茶道的开始：茶经》，陆羽原著，郑培凯导读，海豚出版社，2012年1月版；

［17］《茶圣陆羽》，王升华著，长春出版社，2012年1月版；

［18］《茶味的初相》，李曙韵著，时代出版传媒股份有限公司，2013年1月版；

［19］《茶言茶语》，郑启五著，清华大学出版社，2013年10月版；

［20］《温州茶韵》，卢礼阳、邵余安、吴树敬、瞿炜编著，黄山书社，2014年1月版；

［21］《茶经译注》，陆羽著，宋一明译注，上海古籍出版社，2014年5月版。